KB149839

FORMATIVE
조형디자인 ARTS
DESIGN

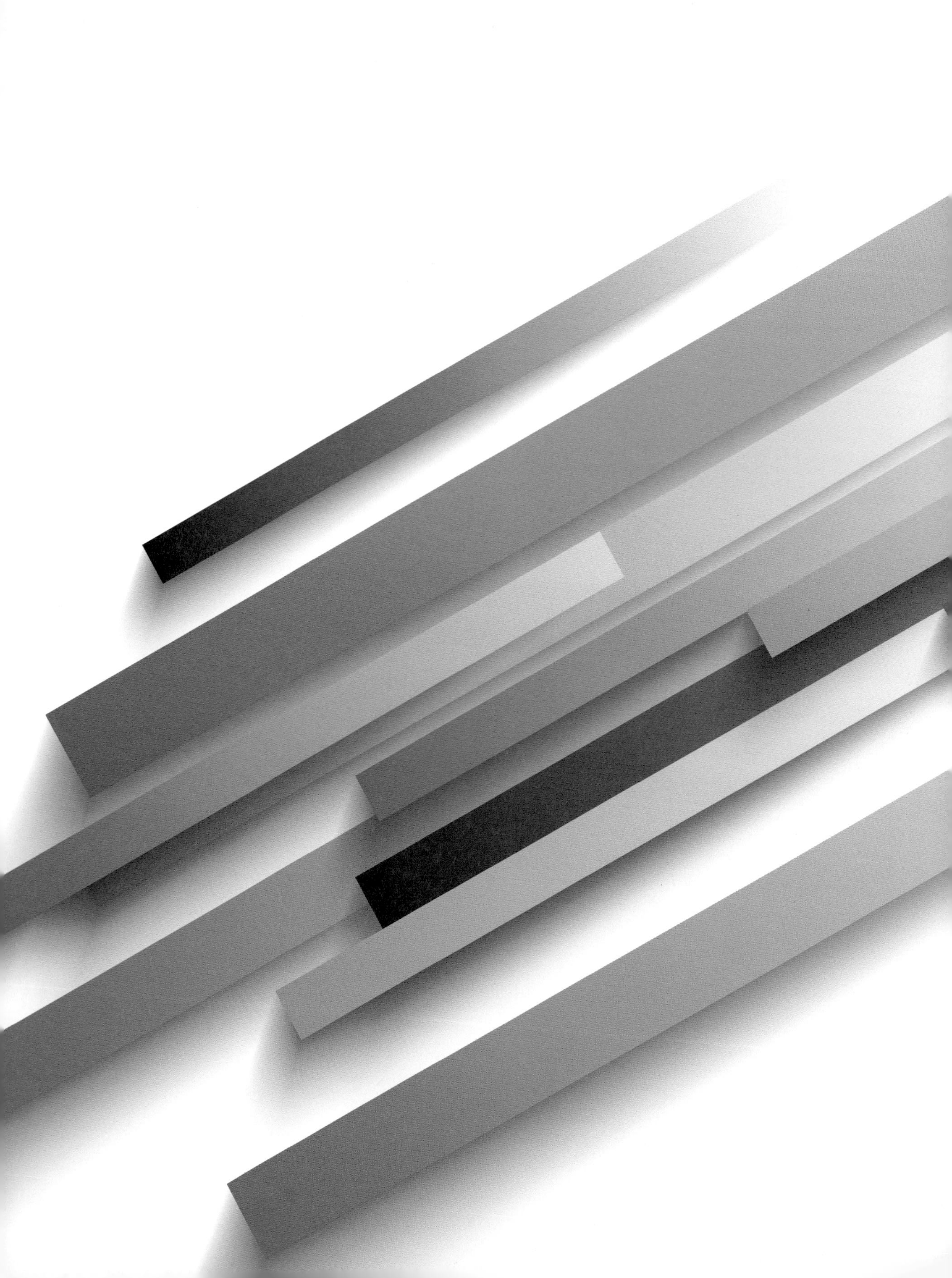

FORMATIVE ARTS DESIGN

조형디자인

강혜승
/
박혜신
/
김지인

(주)교 문 사

다양한 컴퓨터 프로그램과 첨단 기술 매우 편리한 도구들, 오늘날에는 마우스를 쥔 두 번째 손가락을 사용해 몇 번 클릭하는 것만으로도 많은 일을 해낼 수 있다. 컴퓨터 앞에 앉아 구글을 통해 자료를 뒤지고, 포토샵이나 일러스트, 캐드 등을 활용해 디자인 작업을 하는 일련의 과정이 당연한 수순처럼 느껴지게 되었다. 이러한 과정에서 우리의 눈은 무엇을 보고, 무엇을 만지고 있을까? 컴퓨터 안의 가상세계, 키보드 자판, 기계를 통해 프린트된 이미지들……. 언제부터인가 컴퓨터 안에 있는 가상의 이미지의 세계가 아닌 내 주변에 있는 실재의 사물을 직접 만져보고, 다양한 재료를 사용해 그려보며, 다양한 소재를 사용해 만들어보는 일들이 우리와 멀어져버렸다. 우리에게 주어진 너무나 편리한 도구들로 인해 무언가 잃고 있는 것은 아닌지 돌아볼 시점이다.

이 책의 집필은 이러한 우려에서 시작되었으며, 디자인 공부를 시작하는 학생들이 좀 더 다양한 실재 세계의 사물들에 관심을 가지고 작업해봄으로써 창의적 디자인 사고력을 향상시킬 수 있기를 바라며 내용을 구성했다. 이 책은 이론서라기보다는 실습서에 가까우며, 2개 파트로 구성되어 있고, 각 파트는 5개의 장으로 되어 있다.

첫 번째 파트는 조형의 기본 요소라 할 수 있는 점, 선, 면, 형, 그리고 질감을 중심 내용으로 다루고 있다. 각각의 장은 각 요소에 대한 간략한 개념적 이해를 돕는 부분과 이를 활용하여 다양한 조형 실습을 해볼 수 있는 실습 예제의 부분으로 이루어져 있다. 각 예제별로 학생들의 작품 사례를 함께 싣고 이에 대한 간략한 해석 및 평가를 통해 실습의 방향에 대한 이해를 돕고자 했다. 본서에 제시된 것은 하나의 사례일 뿐이니 참고로 하여 더욱 다양한 방법과 아이디어로 확장적 사고를 전개해 나갈 수 있기를 바란다.

두 번째 파트는 조형작업을 하면서 수반되는 기본적인 기법들인 찢기, 접기, 자르기, 접기와 자르기, 쌓기 등을 활용한 다양한 조형 작업 중심으로 구성했다. 위 기법들은 한편으로는 '기법'이라고 부르기에 과한 느낌이 있을 정도로 우리에게 익숙한 표현 방법이다. 본서에서는 오히려 특수한 기법이 아닌 기본적인 표현 기법을 사용해 얼마든지 다양한 조형적 시도가 가능한가를 보여주고자 했다. 접기와 자르기와 관련된 장에서는 직접 따라 접거나 잘라볼 수 있도록 전개도를 함께 제공했다. 이를 활용해 다양한 응용과 조합을 시도해보기를 바란다. 각 장의 후반에는 토론과 발표과제로서의 실습예제를 각각 2개씩 제시했다. 전반부의 실습 예제들이 생활 속의 다양한 재료를 조형의 도구로서 활용하는 데에 중점을 두었다면, 후반부의 실습 예제들은 우리가 알고 있는 조형적 기법이 응용된 생활 속의 사례와 소재에도 시선을 돌릴 수 있도록 했다.

과학과 문학을 넘나드는 르네상스적 학자인 제이콥 브로노스키[Jacob Bronowski]는 '손은 정신의 칼날'이라 칭한 바 있다. 이 책을 활용하며 우리나라의 디자인계를 이끌어갈 학생들이 누구보다 날카롭고 빛나는 정신의 칼날을 소유할 수 있기를 바라며 졸저에 대한 인사말을 마친다.

마지막으로 이 책의 출판의 전 과정을 총괄해주고 이끌어준 교문사의 송기윤 부장님, 이 책의 출판을 허락해주신 교문사의 류제동 대표님께 감사의 마음을 전한다. 더불어 이 책의 작품사진의 게재에 동의해 준 서경대학교 디자인학부 재학생 및 졸업생 모두에게 무한한 감사와 애정을 표한다.

2014년 9월
저자 일동

CONTENTS
차례

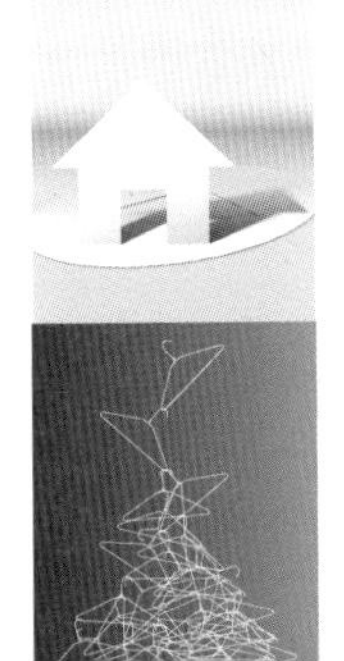

Formative Arts Design

part 1

조형의 기본 요소에 대한 이해

점 | 선 | 면 | 형 | 질감

chapter 1

점

점에 대한 이해

본래 수학적 개념으로서의 점이란 넓이도, 부피도 존재하지 않으며 위치로서의 개념만 가진다. 우리가 '점'이라고 시각적으로 인지했다는 것은 이미 일정한 면적을 차지하고 있다는 것을 의미하기 때문에 엄격하게 말하면 점이 아니라고 할 수 있다. 그러나 조형적인 관점에서는 일정한 면적을 차지하고 있어도 그 크기가 작을 때는 일반적으로 점이라고 규정하고 인지한다.

그렇다면 '일정한 면적을 차지하고 있어도 그 크기가 작을 때'에서 '크기가 작다'는 것의 기준은 무엇일까? '작은 크기'의 기준은 절대적으로 규정하기는 힘들다. 누군가는 지름 1mm의 원을 보고 작다고 할 수도 있고, 누군가는 같은 크기를 보고 크다고 느낄 수도 있다. 이와 같이 절대적인 기준이 없다는 것은 결국은 주변을 둘러싼 공간, 혹은 주변 요소가 그만큼 중요하다는 것이라 할 수 있다.

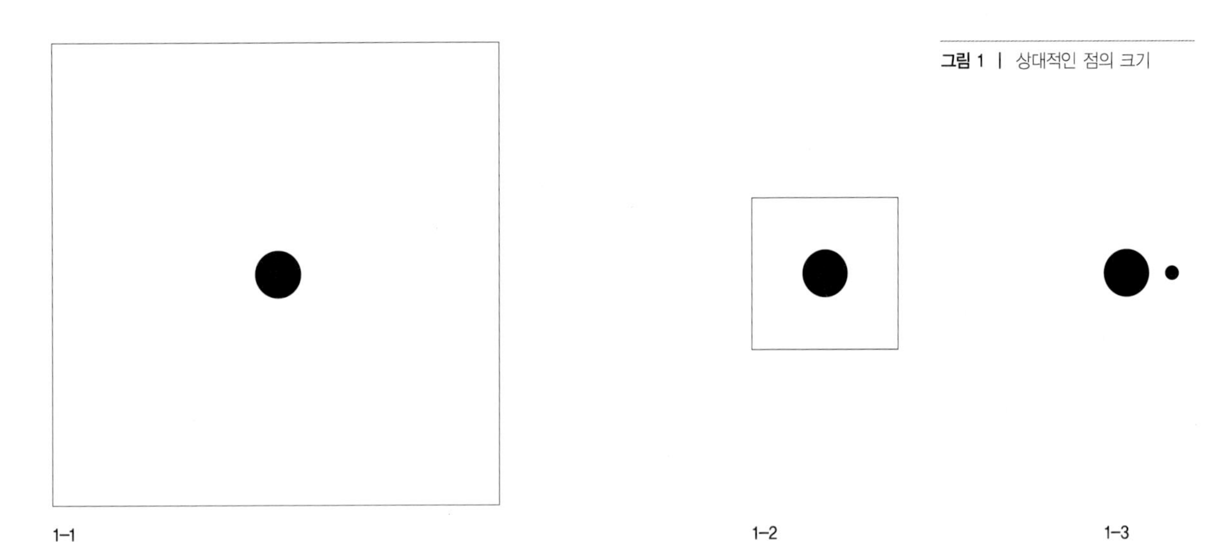

그림 1 | 상대적인 점의 크기

즉, 위 그림에서 볼 수 있듯이 A라는 크기의 점이 있다고 할 때, 똑같은 크기의 점이 있다 할지라도 A를 둘러싸고 있는 공간이 넓거나 상대적으로 큰 요소가 주변에 있을 때에는 작게 보이지만[1-1], 이와 반대로 둘러싸고 있는 공간이 작다든지[1-2] 주변에 더 작은 요소가 있을 때에는[1-3] A라는 점이 상대적으로 크게 느껴지며 점이 아닌 면으로 인식될 수 있다는 것이다.

이와 같이 조형적인 관점에서의 점이란 관찰자와의 관계, 다른 주변 요소와의 관계에 의해 그 인식이 좌우되는 것이라 할 수 있으며, 본래 넓이가 없는 것이기 때문에 일정한 형태를 규정할 수는 없다. 그러나 우리는 '점' 이라 하면 일반적으로 원의 형태를 머릿속에 떠올린다. 기하학적인 원의 형태는 그 자체만으로는 중성적인 이미지를 풍긴다. 그러나 점이 위치하는 장소에 따라서 어떤 연상을 불러일으킬 수도 있다. 이와 같은 점의 조형적 특성을 활용해 다양한 조형 연습을 해보자.

점을 활용한 조형 연습

점을 활용한 조형 연습 1_ 점의 위치와 연상

점은 개념적으로는 중성적인 성격을 가지지만 주변과의 관계를 통해 다양한 연상을 불러일으킬 수 있다. 점이 위치하는 지점은 다양한 연상을 불러일으킬 수 있는 하나의 표현 방법이 될 수 있다. 점과 사각형이라는 2개의 조형 조건을 통해 점과 주변과의 관계를 모색하도록 하는 데에 본 실습 과제의 목적이 있다. 따라서 본 과제에서는 점을 모아 구체적인 형태를 만들어내는 것을 지양하고, 위치 관계에 대한 탐색을 통해 추상적 개념을 시각화하는 데에 중점을 두도록 지도한다.

실·습·예·제

5cmX5cm 크기의 사각형을 4개 그린다. 여기에 1~10개 이내의 점을 활용해 다양한 형용사를 표현해 보자. (점은 검은색으로 표현하되, 동일한 사이즈로 표현하도록 한다.)

1-1 우울한

1-2 고립된

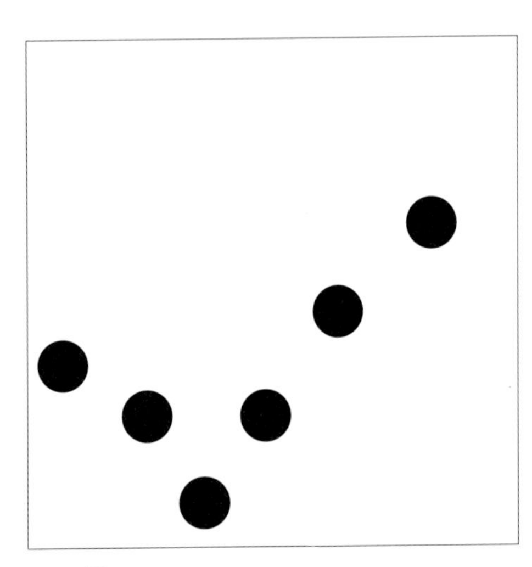

1-3 기쁜

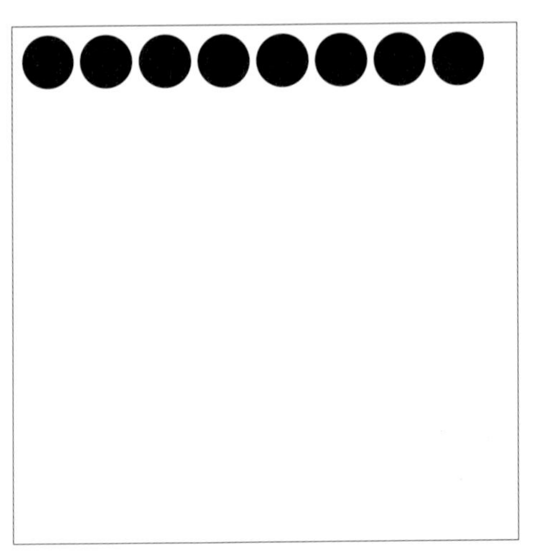

1-4 속박된

학생 작품 사례 1 | 김지수

위 과제에서는 점과 공간, 위치의 관계를 통해 표현하는 것에 중점을 두기 위해 점의 색상이나 사이즈를 한 가지로 제한했다. 위 학생은 바닥에 가라앉은 1개의 점을 통해 '우울한' 이란 감정을 전달하고자 했으며, 여러 개의 점들의 무리와 한쪽에 떨어져 나와 있는 점의 관계를 통해 고립된 상황을 나타내고자 했음을 알 수 있다.

1-3의 '기쁜'은 점의 배열을 통해 움직임을 연상케 함으로써 기쁜 감정을 표현하고자 했으며, 1-4의 경우 위쪽에 몰려 있는 점들을 통해 주어진 사각형에서 벗어나고자 하는 듯한 느낌을 주고 있다.

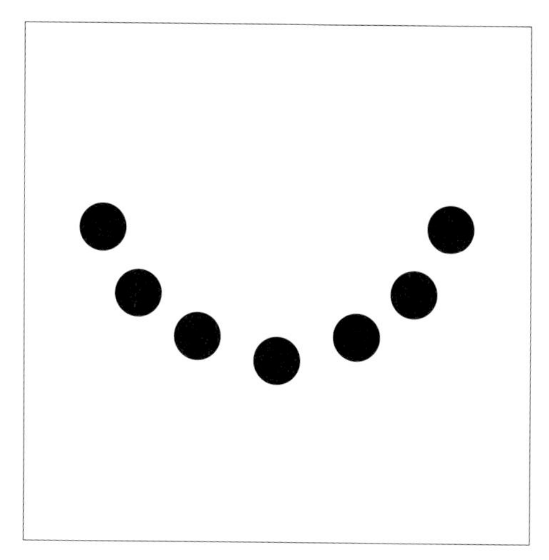

2-1 행복한

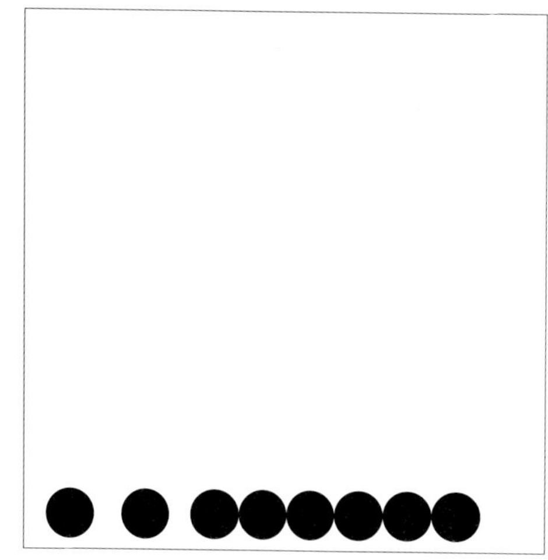

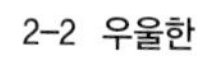

2-2 우울한

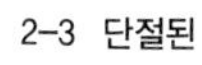

2-3 단절된

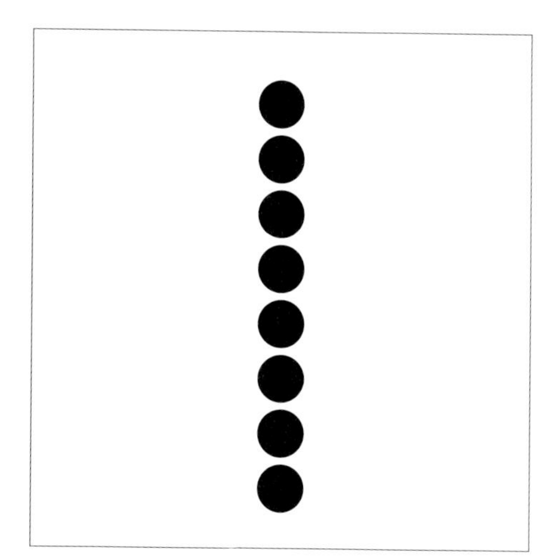

2-4 꼼꼼한

학생 작품 사례 2 | 진현아

웃는 얼굴을 연상시키는 배열로 '행복한'이라는 형용사를 나타냈다. 그러나 본 과제에서는 구체적인 형태를 통한 연상보다는 순수하게 점의 위치와 점과 점의 상호 관계에서 느껴지는 시각적 요인을 활용할 것을 권장하도록 한다.

아래에 가라앉아 있는 점을 통해 '우울한'을 표현한 것, 사각형 틀의 모서리에 서로 대칭적으로 마주보고 있는 점 2개의 요소를 통해 '단절된'을 표현한 것이 좋은 예라 할 수 있다. 일렬로 나란히 늘어서 있는 점의 관계를 이용해 '꼼꼼한'이란 형용사를 표현하려 한 시도가 재미있다.

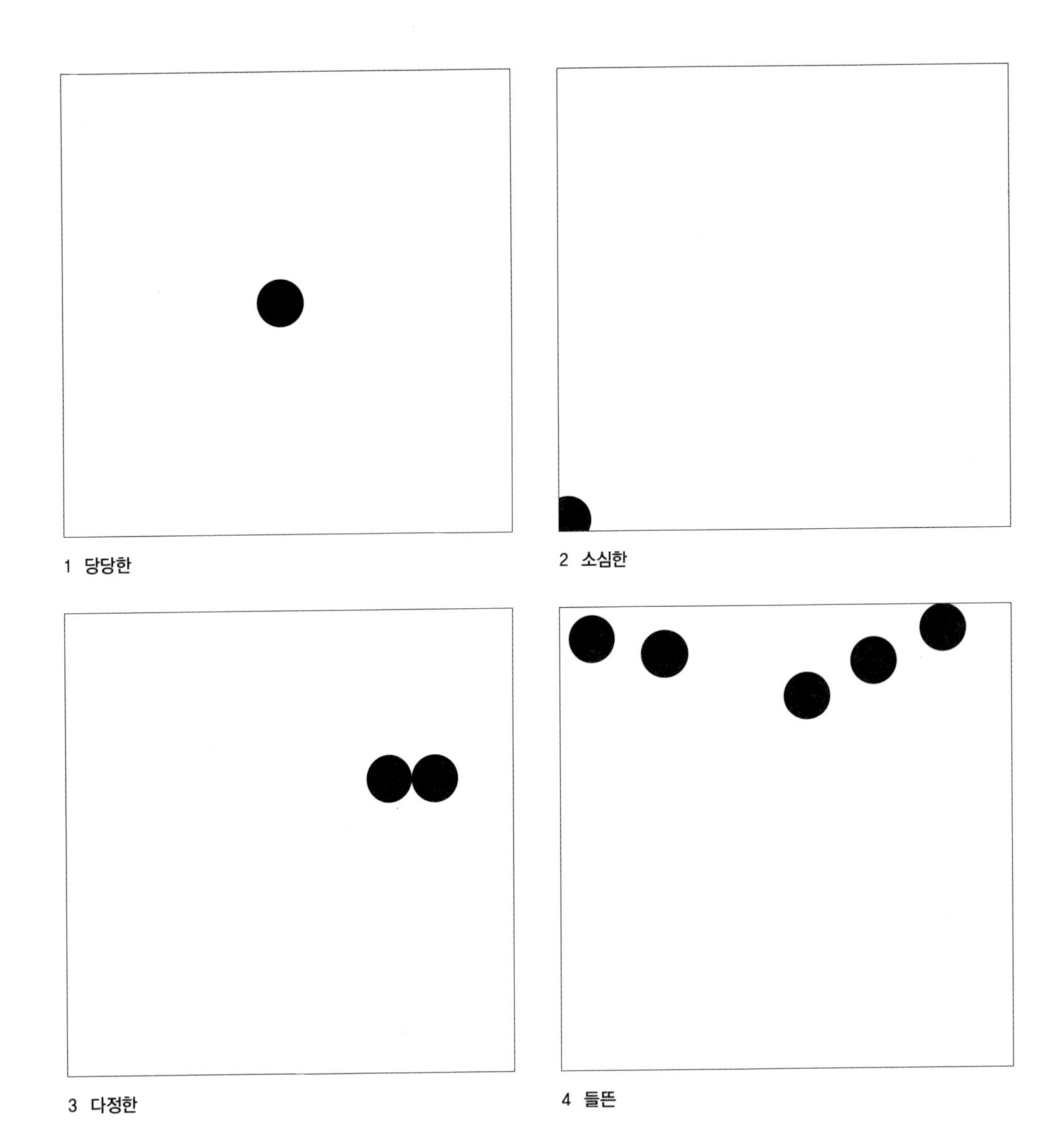

1 당당한

2 소심한

3 다정한

4 들뜬

학생 작품 사례 3 | 김지선

사각형과 점의 관계를 잘 살려서 연상표현을 한 예이다. 점을 사각형 가운데에 위치시킴으로써 '당당한'을 표현했으며, 구석에 일부 가려진 형태에 위치시킴으로써 '소심한'을 표현하였다. 세 번째 표현은 점과 점 간의 관계를 중심으로 '다정한'을 나타내고자 했으며, 네 번째 표현은 사각형 위쪽에 모여 있는 점들을 통해 '들뜬'이라는 감정을 표현했다.

점을 활용한 조형 연습 2_ 점과 공간

개념적으로는 위치만 가지고 있는 것이 점이지만 조형 작업에서의 점은 일정한 면적을 가진다. 따라서 점의 형태 또한 다양하게 표현될 수 있으며 점의 형태, 위치, 크기, 방향 등에 의해 공간감을 표현하는 것이 가능하다. 이와 같은 조형적 특성을 활용, 공간감을 표현해 봄으로써 점의 다양한 표현방법을 익혀 본다. 본 과제에서는 공간감 표현을 주된 목적으로 하기 때문에 색상의 요소는 검은색으로 제한하고, 명도의 변화만을 허용한다.

실·습·예·제

먼저 30X25cm의 크기의 직사각형을 그리자. 직사각형 안에 다양한 크기의 검은색 점을 사용해 아래의 공간감을 표현해 보자. (단, 명도 변화는 주어도 괜찮다.)

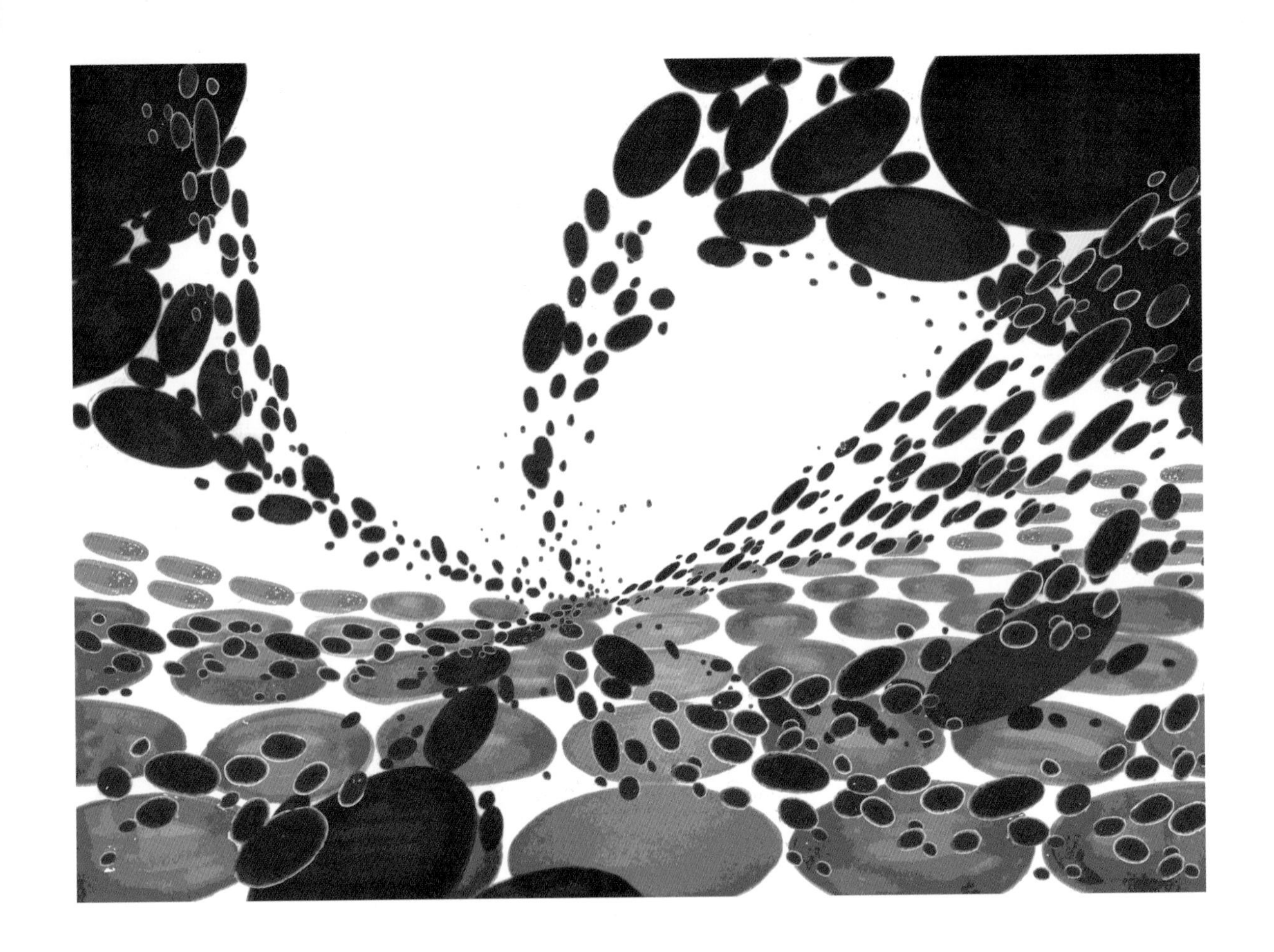

학생 작품 사례 1 | 김지수

위의 학생은 바닥 면의 점의 크기를 변화시켜 원근감의 단서를 제공하고, 이를 통해 앞과 뒤의 공간의 구분을 먼저 만들어 놓았다. 이어 명도가 다른 점을 사용해 소실점을 향해 점점 작아져 가는 구성을 함으로써 공간감을 효과적으로 잘 표현하고 있다. 소실점에 가까운 부분의 점의 명도를 조절했으면 더욱 효과적인 표현이 이루어졌을 것으로 보인다.

학생 작품 사례 2 | 이상희

위의 학생은 소실점을 향해 강하게 빨려 들어가는 것 같은 움직임을 사용해 공간감을 잘 표현하고 있다. 보는 이의 시선에 가까운 쪽은 크고, 선명하고 어두운 명도의 점으로 표현하고, 멀리 있는 쪽에는 밝은 명도의 점으로 표현함으로써 선 원근법과 공기 원근법의 효과를 동시에 주고 있다. 커다란 점 주변에 작은 점들을 효과적으로 배분함으로써 움직임을 잘 표현하고 있지만, 이 외의 요소인 선을 사용해 속도감을 표현하려 한 점은 주어진 조건에서 어긋나 주의가 필요하다.

학생 작품 사례 3 | 양연진

점의 방향성과 크기의 차이, 명도 변화를 이용해 역동적으로 공간감을 표현했다. U자 형태를 이루도록 공간을 구성해 전체적으로 빠른 속도감이 느껴지며, 위쪽에 점을 모아 구의 형태를 만들어 배치함으로써 아래쪽 공간과 위쪽 공간을 구분하고 있는 점이 특징적이다. 위쪽의 구를 이루는 점의 명도를 좀 더 높게 표현하고, 구의 크기를 조금 더 작게 표현했다면 공간의 깊이감이 더 느껴졌을 것으로 보인다.

점을 활용한 조형 연습 3_ 점을 활용한 입체작업

앞의 두 과제는 평면에서의 점의 표현을 중심으로 탐구하였다. 본 예제에서는 점으로 인지될 수 있는 다양한 입체적 재료를 탐구하고 조형적으로 표현해 봄으로써 점에 대한 개념의 폭을 확장하고자 하는 데에 목적이 있다. 또한 입체적 재료를 통해 조형 실험을 해 봄으로써 점의 상대적 특성에 대해 다시 한 번 체감해 볼 수 있도록 한다.

실·습·예·제

입체적 공간에서도 점적인 요소를 활용해 다양한 표현을 할 수 있다. 우리 주변의 다양한 사물 중에 점적인 표현을 할 수 있는 재료들을 활용해 조형 작업을 해보자.

위의 학생은 빨대를 자른 단면을 점적인 요소로 활용하여 조형구성을 했다. 빨대의 절단 길이를 각기 다르게 하고, 적절하게 모으거나 흩뜨려 놓아 구성한 점이 칭찬할 만하다. 위에서 내려다보면 작은 점들과 작은 점이 모여 하나의 큰 점을 구성하고 있다. 또한 측면에서 바라보면 마치 빌딩 숲이나 산의 모양을 연상하게끔 제작한 점도 재미있다.

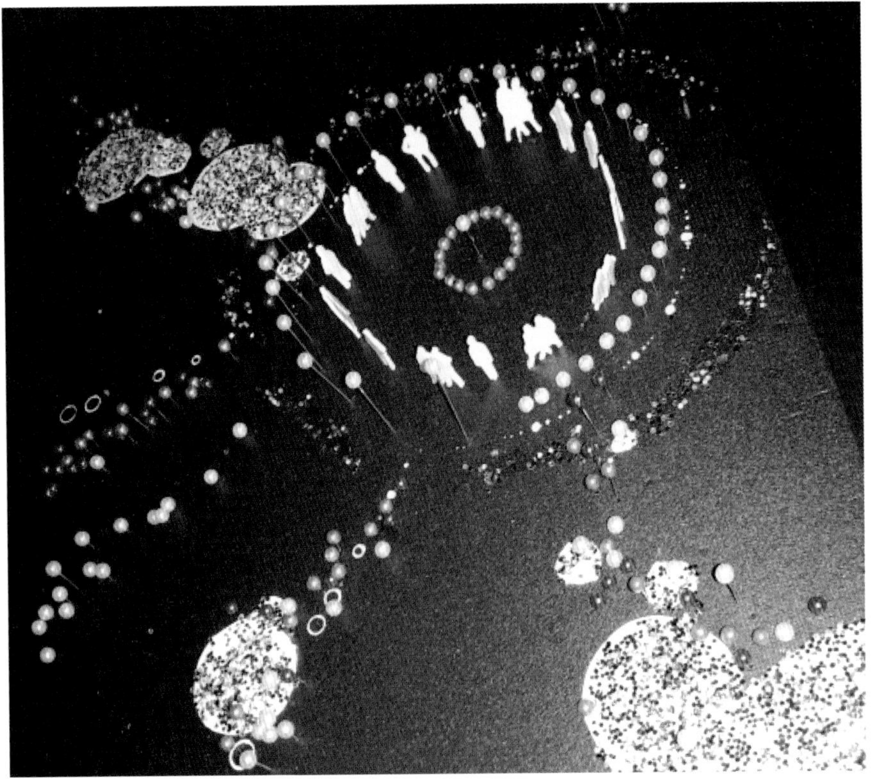

스팽클, 시침핀, 구슬, 링 등 다양한 점적인 요소들을 활용해 조형 작업을 했다. 다양한 재료와 컬러를 사용한 점이 돋보이며 스팽클 하나하나가 점으로 표현되면서 동시에 커다란 원을 구성하고 있도록 한 것이 흥미롭다. 또한 사람의 형태를 오려 붙였는데 멀리서 보면 하나의 점처럼 인지할 수 있다.

색연필의 윗부분을 점적인 요소로서 해석해서 사용한 점이 돋보인다. 각각의 색연필의 색이 각기 다른 색의 점으로서 표현되고 있으며, 색연필 1개가 하나의 점을 표시하면서도 그룹을 이루어 크기가 다양한 점을 표현하고 있다. 물감을 흩뿌려서 입체적인 색연필의 점적 요소와 평면적인 점적 요소가 함께 조화를 이루고 있다.

학생 작품 사례 4 | 구민경

검은색의 스트로와 반투명한 흰색의 스트로를 이용해 다양한 높이로 구성, 배치하고 검은색의 점을 주변에 뿌려 평면에서의 점, 입체적 요소로서의 점적인 요소가 잘 어우러지면서 변화 있는 구성이 이루어지고 있다. 붉은색의 구슬을 활용해 중간중간 포인트를 주면서 아치 형태로 연결하여 동적인 느낌을 주는 점이 공간에 생기를 더해 준다. 아치의 크기를 각기 다르게 표현했다는 점도 변화 있는 공간의 연출을 도와주고 있다.

순수하게 흰색의 점의 크기의 변화 요소를 활용하여 공간을 구성했다. 다양한 사이즈의 흰색 스티로폼의 구를 적절한 변화를 주며 배치하여 동세를 주고, 바닥면에 닿는 부분은 반구로 표현한 점이 재미있다.

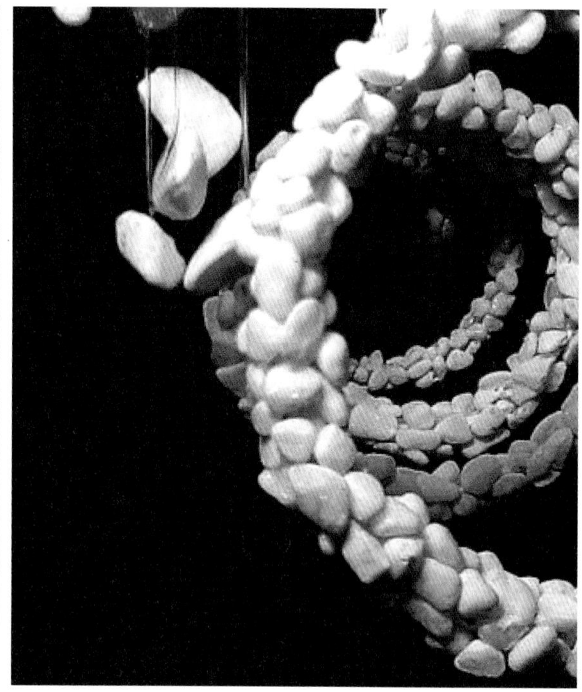

학생 작품 사례 6 | 배세현

작은 돌멩이를 모아 붙여 나선형의 공간을 만들고 주변에 낚싯줄을 활용해 돌을 매달았다. 점들이 모여 선을 이루고 있으며, 나선형으로 말려 들어가는 공간의 깊이감을 표현하고, 이를 공간에 매달아 준 점이 인상적이다.

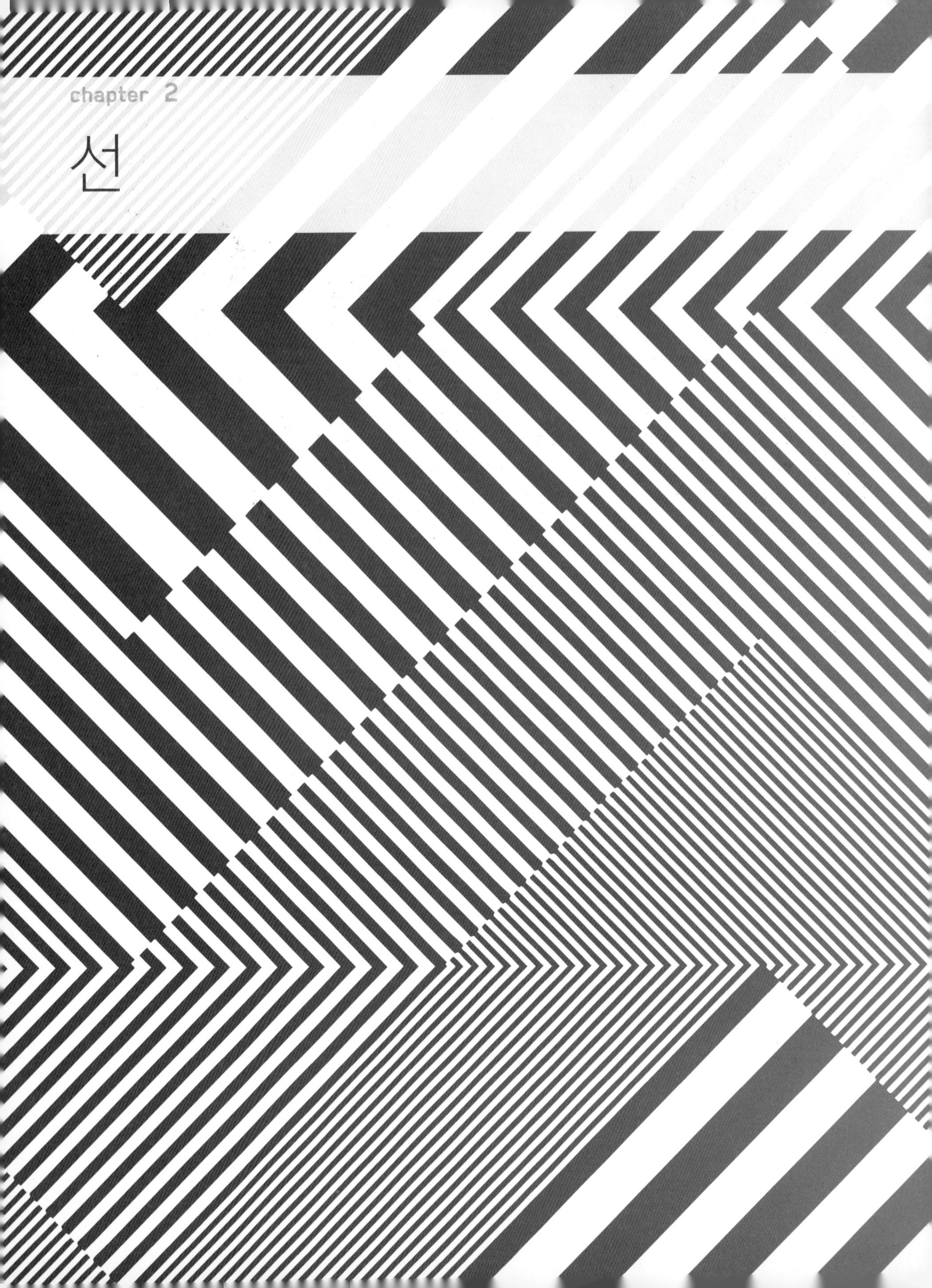
chapter 2
선

선에 대한 이해

수학적 개념으로서 점이 크기를 가지지 않으며 위치로서의 개념만을 가지는 것과 마찬가지로, 선은 길이만 있고, 그 폭은 존재하지 않는다. 즉 점이 하나의 위치에서 다른 위치로 이동하면서 생기는 궤적이 선이라고 할 수 있다. 따라서 선은 길이만 존재하고 폭은 존재하지 않으며 엄밀한 의미에서의 선은 우리 눈으로 확인할 수 없이 방향만을 가지는 것이다. 그러나 조형적인 관점에서 일정한 길이를 가지고 있으면서 폭이 비교적 좁아 두께감이 크게 느껴지지 않는 경우 우리는 일반적으로 '선'이라고 인식한다. 그렇다면 어느 정도의 폭과 길이를 가지면 '선'이라고 할 수 있을까? 여기에도 절대적인 규정은 없다. 같은 길이를 두고도 어떤 사람은 '조금 긴 점'으로 인식할 수 있을 것이며 어떤 사람은 '짧은 선'으로 인식할 수도 있는 것이다.

이와 같이 어디까지가 점이고 어디서부터가 선인지를 명확하게 규정하는 것은 불가능하다. 길이를 가진다는 것이 선의 본질적인 특성이지만 우리가 인식하는 선은 굵기를 가지고 있으며 선을 이루는 굵기는 선의 표정이나 선에 대한 느낌을 좌우한다. 점과 마찬가지로 절대적으로 굵은 선, 가는 선, 긴 선, 짧은 선은 존재할 수 없다. 같은 길이의 선일지라도 짧은 선의 옆에 놓여 있으면 긴 선으로 인식되고, 긴 선 옆에 놓여 있으면 짧은 선으로 인식된다. 굵기에 있어서도 마찬가지로 선의 길이나 굵기는 상대적으로 느껴지는 것이다.

선의 종류는 다양하며 각각의 선은 추상적이지만 표정이나 연상을 내포하고 있다. 가장 대표적인 선으로는 직선, 곡선, 절선을 들 수 있다.

직선[直線]은 가장 단순하며, 잡다한 형식 요소를 배제하고 한 방향으로 향하는 선을 의미한다. 따라서 직선은 그 자체로서 방향성을 가지며 엄격하고 강인한 느낌을 준다. 직선은 크게 수평선, 수직선, 사선의 세 가지 유형으로 나타난다. 수평선은 안정적이고 편안한 느낌을 주며, 수직선은 위로 향하는 방향성을 가지고 있어 수평선 보다는 동적인 느낌이 든다. 사선은 방향성으로 인해 강한 역동성을 느끼게 한다. 아래의 그림을 통해 같은 길이와 굵기의 직선일지라도 방향에 따라 전혀 다른 느낌을 준다는 것을 잘 알 수 있다.

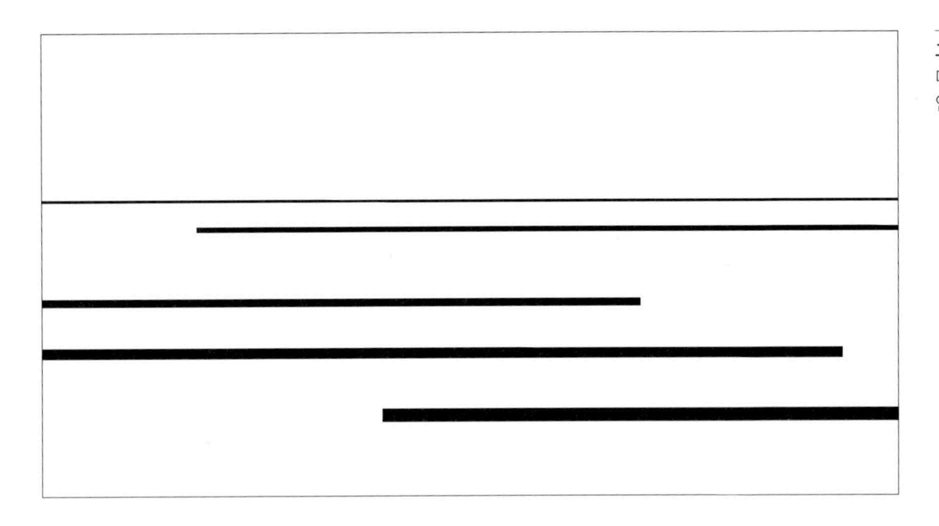

그림 1 | 다양한 굵기의 수평선이다. 수평선은 본질적으로 평온하고 안정된 느낌을 연상시킨다.

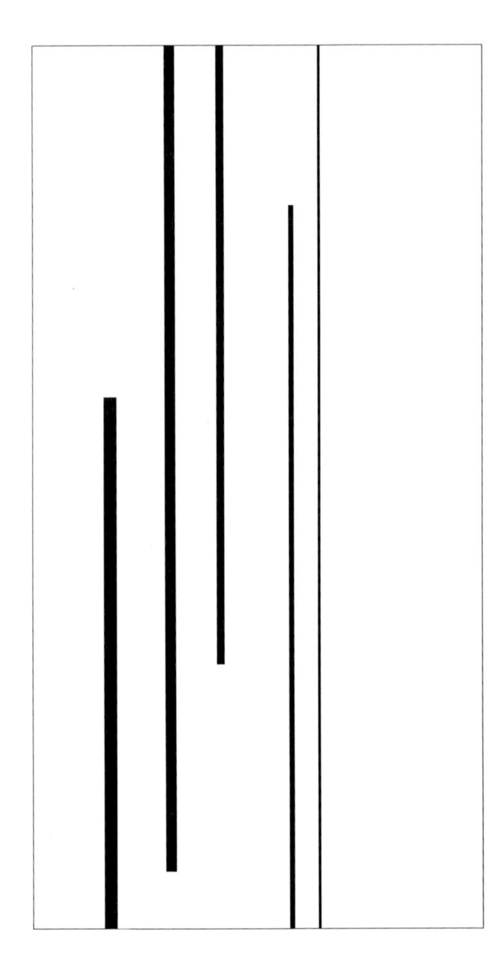

그림 2 | 같은 굵기와 길이의 선이라 할지라도 수직선의 방향을 가지면 수평선보다 동적으로 느껴진다.

그림 3 | 사선은 수평선이나 수직선보다 강한 방향성을 가지며 역동성을 준다.

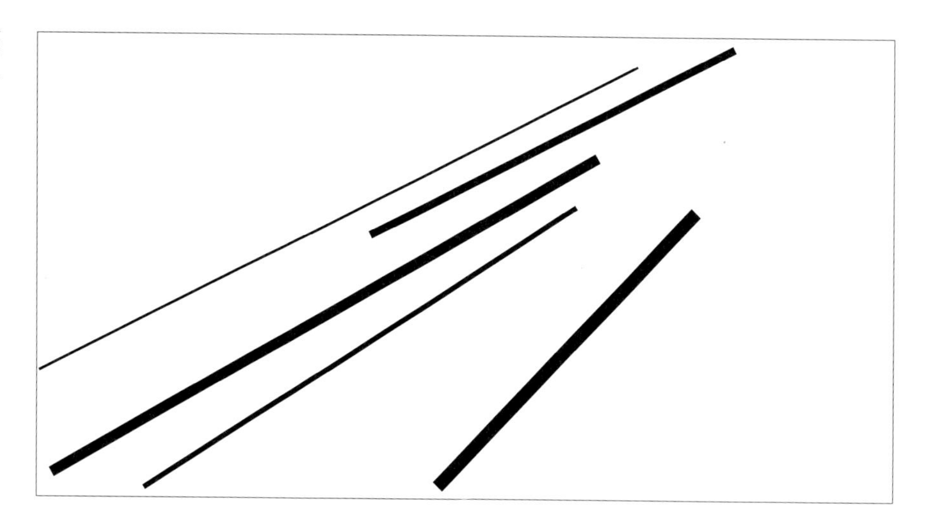

직선 중에서 절선[折線]은 직선 중에서 꺾임이 있는 선으로 직선이 방향의 변화를 가지며 계속될 때 생겨난다. 각도에 따라 다양한 느낌을 줄 수 있는데 90° 이하의 각도인 예각은 날카롭고 긴장된 느낌을 주며 90° 직각의 절선은 엄격하고 절제된 듯한 느낌을 준다. 반면 90°보다 크고 180°보다 작은 둔각의 경우 예각에 비해서는 다소 완만한 느낌을 준다. 또한 예각의 절선을 반복하면 강한 운동성과 날카로움이 느껴진다.

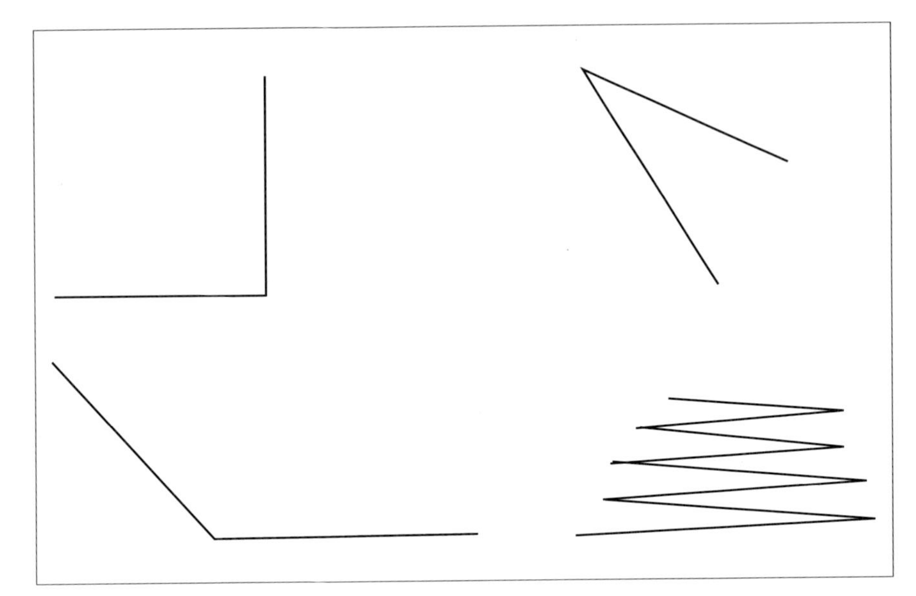

그림 4 | 90도의 절선, 예각의 절선, 둔각의 절선, 지그재그의 절선

곡선[曲線]은 말 그대로 부드럽게 굽은 선을 의미한다. 직선이 한 방향을 향해 움직이는 것과 달리 곡선은 다양한 방향을 가진다. 따라서 곡선은 직선보다는 유연하면서도 풍요로운 느낌을 창출한다. 특히 곡선에서의 자유로운 굵기 변화와 반복은 다양한 리듬감을 창출해 낼 수 있는 요소로 작용한다. 물결 모양과 같이 약간 휘어진 곡선은 온건하면서도 유동적인 느낌을 보여주지만, 급하게 휜 곡선은 더욱 강한 동세를 느끼게 한다.

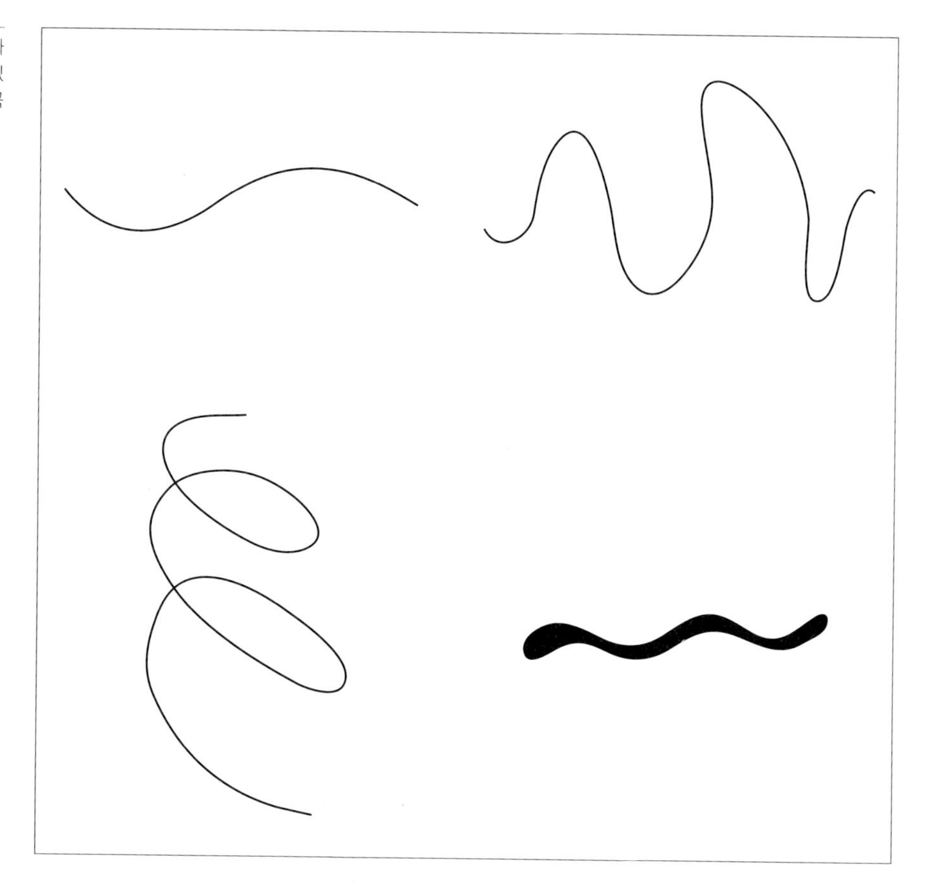

그림 5 | 완만한 곡선, 방향의 변화가 급격한 곡선들, 두께의 변화가 있어 리듬감을 느낄 수 있는 다양한 곡선들

이와 같이 선은 길이, 굵기, 방향, 선의 특성 등 여러 가지 요소들에 따라 다양한 느낌과 표정을 지닌다. 따라서 추상적이며 개념적인 조형요소를 활용해 적절한 표현을 하기 위해서는 이와 같은 선의 특성을 파악하고 이해하는 것이 매우 중요하다.

선을 활용한 조형연습 1_ 선과 감정

선은 굵기, 선을 그은 속도, 재료, 선 자체가 가지고 있는 질감 등에 의해 다양한 표정을 가지고 있다. 아래의 실습 예제를 통해 선을 사용한 감정 표현을 시도함으로써 형태가 아닌 선 자체의 특성으로 인한 연상을 표현하는 데에 목적이 있다. 색은 자체로서 상징성이 있기 때문에 점, 선의 과제에서는 조형적인 요소에만 집중할 수 있도록 검은색을 사용하고, 명도 변화만 주는 것으로 제한 조건을 주도록 한다.

실·습·예·제

선의 특성을 활용하여 희, 노, 애, 락의 감정을 표현해 보자. 단, 구체적인 형태를 그리지 말고 검은색의 선으로만 구성하되 명도 변화는 주어도 된다.

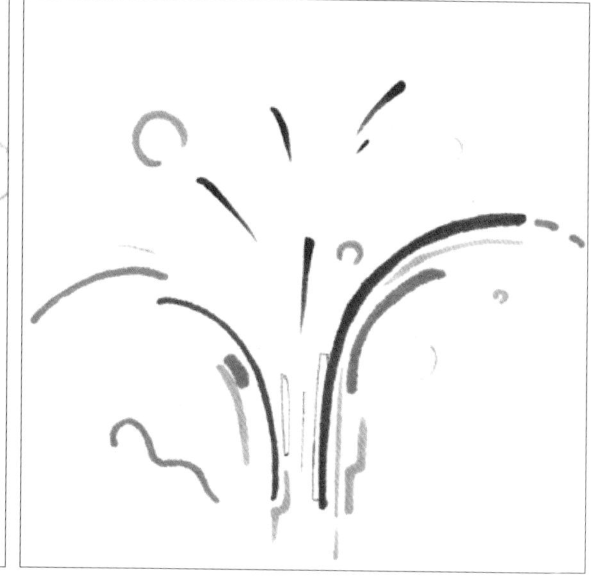

학생 작품 사례 1 | 윤가영(좌), 채루미(우)

희[喜]의 감정을 곡선을 사용하되 완만한 곡선보다는 방향 변화가 있는 동적인 곡선을 사용해 표현하고 있다. 왼쪽의 작품은 유사한 형태의 파상형의 곡선이 반복되면서 선의 굵기의 변화를 더해 리드미컬한 느낌을 연출해 즐거운 감정을 잘 표현하고 있다. 오른쪽의 작품은 선의 방향성을 잘 활용해 아래에서 위로 솟아오르는 듯한 느낌을 표현해 기쁨의 감정이 잘 느껴진다. 위 두 작품에서 선의 운동감을 느낄 수 있도록 도와주는 요소는 선의 굵기의 선 자체의 변화, 방향의 변화를 들 수 있다. 오른쪽 작품은 굵기 변화는 크지 않으나 시작점은 가늘고 끝으로 갈수록 물방울의 형태를 하고 있어 선의 방향성을 이해하는데 도움을 준다. 두 작품 모두 곡선의 굵기의 변화, 농도의 변화가 있어 공간적 깊이까지 함께 느끼게 하는 좋은 표현이다.

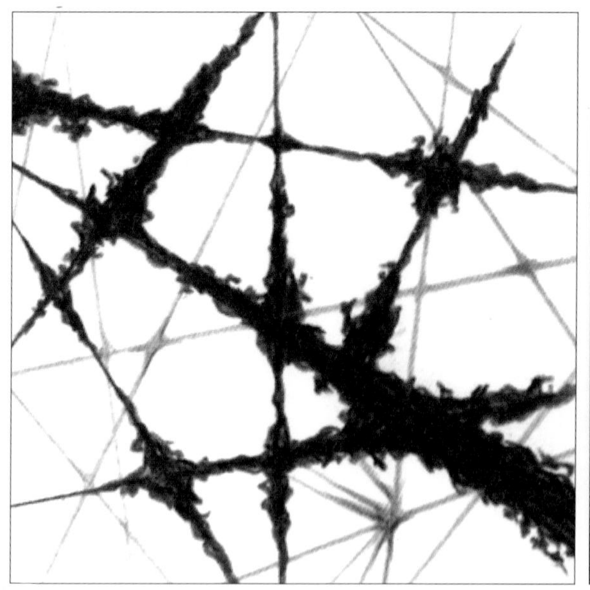

학생 작품 사례 2 | 윤가영(좌), 박지윤(우)

노(怒)의 감정은 직선이 사용되었으나 깔끔하게 정돈된 직선이 아닌, 사방으로 가시가 돋은 듯한 텍스처를 가진 거친 선을 통해 노여움의 감정이 잘 표현되고 있음을 느낄 수 있다. 왼쪽 작품에서의 선은 다소 두께가 있는 선적 표현이 이루어져 이 선을 면으로 보아야 하는 문제도 이야기 될 수 있겠다. 그러나 선의 명도와 굵기의 차이로 인해 연출되는 공간감 때문에 가까운 선과 멀리 있는 선으로서 해석할 수 있는 시각적 연출이 이루어지고 있어 면이라기보다는 선에 가깝게 인식이 될 수 있다. 오른쪽 작품에서도 검게 칠해진 부분은 선이라기보다는 면에 가깝다고 볼 수 있으나, 대조되는 날카로운 선의 표현, 빠른 속도감을 통해 충분히 분노의 감정을 전달하고 있다.

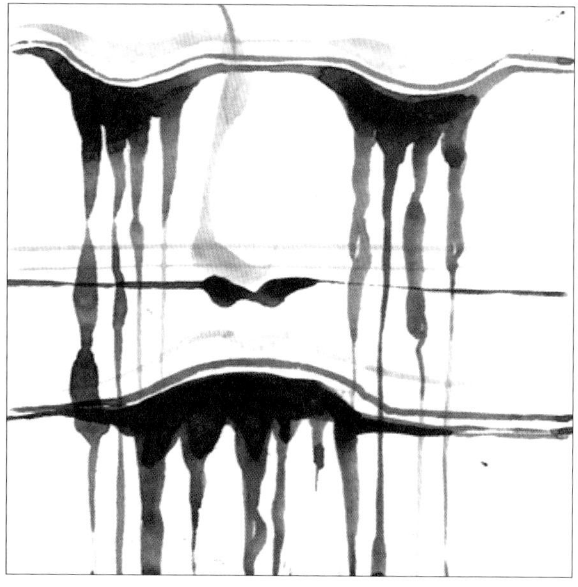

학생 작품 사례 3 | 박지윤(좌), 정수민(우)

애[哀]의 감정을 표현한 왼쪽의 작품은 위에서 아래로 흘러내리는 듯한 완만한 곡선으로 인해 우울하고 차분한 감정이 전달되는 듯하다. 우리가 이 선의 방향을 아래에서 위로 올라가는 선으로 여기지 않는 것은 아래쪽의 바닥에 전선이 풀어져 있듯이 흐트러져 있는 선의 모양, 위에서 아래로 축 쳐져 있는 아치의 형태의 모양 등이 함께 인식되기 때문이다. 선의 방향성은 다양한 주변 단서에 의해 해석되고 인식되는 것이므로 이와 같은 요소의 활용은 매우 중요하다. 이 작품은 또한 명도, 선의 굵기의 적절한 활용이 얼마나 평면에 공간감을 더해줄 수 있는가를 잘 보여주는 사례이다.

오른쪽의 작품은 수평적인 선에서 흘러내리는 선의 표현을 통해 슬픈 감정을 표현했다. 선의 명도, 방향, 흐름, 두께 등을 적절히 활용했다. 한 가지 아쉬운 점은 얼굴을 우는 연상하게 하도록 눈, 코, 입의 표현을 한 점이다. 세로로 가로지르는 코를 나타내는 선이 없어도 선의 방향, 질감 등을 통해 충분히 슬픔의 감정이 전달 될 수 있으므로 선의 속성을 중심으로 활용하는 것을 권장한다.

락|樂|의 감정을 리듬감 있는 선|왼쪽|과 가운데에서 방사형으로 퍼지는|오른쪽| 곡선을 활용해 표현했다. 기쁨의 감정과 즐거움의 감정은 유사하게 곡선으로 표현하는 경우가 많다. 왼쪽의 학생은 리듬감이 강조된 표현으로, 오른쪽의 학생은 퍼져나가는 형태의 변화를 통해 즐거운 감정을 표현했다.

학생 작품 사례 4 | 채루미(좌), 윤가영(우)

선을 활용한 조형연습 2_ 선과 형태

선은 본래 개념적으로는 길이만 있고 부피나 면적은 없지만 우리는 상대적으로 가는 형태를 보면 선적인 형태로 인식한다. 우리 주변에서 다양한 선적인 재료를 찾아보는 경험을 함으로써 조형적 요소로서의 '선'의 개념을 스스로 정의해 보는 시간을 가질 수 있도록 해본다. 또한 선적인 재료로는 선적 표현이 가능하기도 하지만 선과 선이 만나면 입체적 형태를 구축할 수 있다는 특징이 있다. 이 점을 염두에 두고 지도하도록 한다.

실·습·예·제

우리 주변에서 볼 수 있는 다양한 선적인 재료들을 찾아 선적인 재료로 표현할 수 있는 형태를 탐구해 보자.

다양한 굵기와 재질감의 선적 재료를 찾아서 이를 입체적 형태로 구성하였다. 와이어를 사용해 구의 형태를 제작하고, 이를 다른 선적인 재료들을 이용하여 나선형으로 돌아가며 감아 표현한 점이 흥미롭다. 오른쪽 사진에서 보이는 체인 형태의 작업은 나무 재질의 긴 선에 철사를 사용해 윗부분은 복잡하게 라인이 얽힌 표현을, 아래쪽은 비교적 규칙적으로 꼬아서 체인의 형태를 만들어내고 있어 직선, 자유 곡선, 규칙적인 곡선의 요소가 어우러져 다양한 선의 활용을 보여주는 사례라 할 수 있다.

학생 작품 사례 1 | 김윤정

비교적 견고한 재료인 철사, 종이끈, 비닐 소재 등 서로 성질이 다른 재료를 함께 사용하여 재질감의 대비로 인해 다양한 선적인 재료의 특성을 확인할 수 있다.

철사와 종이끈을 활용해서 가늘지만 힘을 받아 서 있을 수 있는 형태를 표현하고 있는데, 철사와 종이끈을 꼬아주는 방법을 채택했기 때문에 이와 같은 표현이 가능하다. 한편 비닐소재는 가볍게 바닥에 흩뿌려져 있어 사용한 선적인 소재의 특성이 형태에 잘 반영되고 있다.

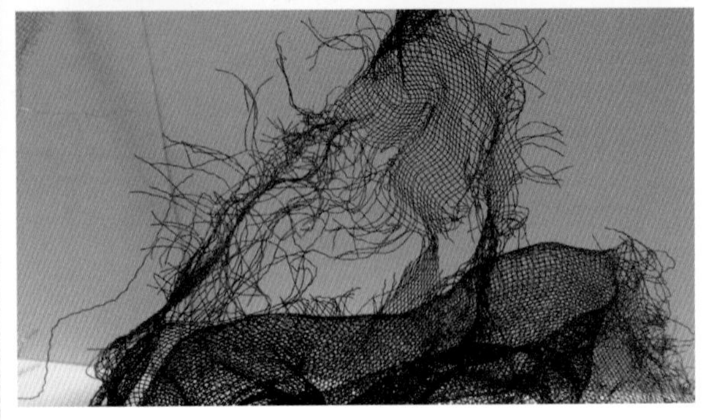

학생 작품 사례 3 | 구민경

철망을 사용해 굽이치는 형상을 표현해 바다의 파도를 연상하게 하는 이 작품은 선과 면의 관계에 대해 생각해보게 만드는 작업이다. 철망을 선적인 재료로 선택했다는 점은 선이 서로 교차되면서 반복되어 하나의 면을 형성하는 철망의 구조적 특성을 잘 포착한 것으로 볼 수 있다. 하나하나의 선이 모여 만들어진 면의 움직임이 다시 선적인 리듬감을 창출해내고 있어 선-면-선의 관계를 복합적으로 볼 수 있다. 또한 철망의 일부에 구멍을 뚫어 부근의 선을 풀어줌으로써 면적인 요소 안에서 선적인 움직임을 볼 수 있는 점이 특징적이며, 잘라낸 철사는 바닥에 흩뿌려주고 있는 점 또한 인상적이다. 바닥에 놓은 선적인 요소들은 무작위로 배치하기보다는 상호 연관성을 가지는 형태로 배치했다면 더욱 통일감 있고 인상적인 표현으로 마무리될 수 있었을 것이다.

학생 작품 사례 4 | 임윤지

다양한 색의 철사를 사용해 원형 및 원뿔형의 형태를 제작하여 조합하고, 이를 공중에 매달아 늘어뜨려 표현했다. 단위 하나하나가 선으로 드로잉한 듯이 표현되어 있으며, 각 단위를 조합한 형태가 다시 긴 라인을 이루도록 표현한 점이 인상적이다.

chapter 3

면

면에 대한 이해

점의 움직인 궤적이 선이라면 면은 선이 움직인 궤적이라 할 수 있다. 선이 길이는 있지만 폭이 없듯이, 면은 넓이는 있지만 부피는 없다. 기하학적 정의로서의 면은 2차원에서 모든 방향으로 펼쳐지는 무한히 넓은 영역을 의미한다. 이와 같은 정의에 따르면 면은 일정한 형태가 없다고 할 수 있다. 그러나 조형적인 측면에서의 면은 일정한 형태를 가지고 있다. 일반적으로 우리는 몇 개의 선이 만나 폐쇄된 형태를 만들고 있을 때 이것을 면이라고 인식한다. 앞서 점과 선에서도 언급했듯이 어느 정도의 크기부터 면이고 어느 정도의 크기까지는 점, 혹은 선이라고 규정하는 것은 불가능하다. 어떤 이는 같은 조형적 요소를 두고 점으로서 인식하는가 하면 다른 이는 작은 면으로 인식할 수도 있으며, 어떤 이는 선이라고 인식하는데 다른 이는 길고 좁은 면으로 인식할 수도 있다는 것이다. 즉, 점과 선이나 마찬가지로 면이라고 규정할 수 있는 범위에 있어서도 절대적인 기준은 없이 인접해 있는 요소와의 상대적인 기준으로 판단하게 되는 것이다.

개념적인 측면에서의 면이 아닌, 우리가 실재 세계에서 '면'으로 지각할 수 있는 조형적인 의미에서의 면이 가지는 가장 큰 특성은 윤곽선에 의해 '형[shape]'의 형태를 결정짓는다는 것을 들 수 있다. 면은 그 크기가 크든지 작든지 간에 시각적으로 일정한 면적을 차지하는 특성을 가지기 때문에 점보다 물질적인 특성과 밀접한 관계를 가지게 된다. 즉 면은 형태를 결정지으며 일정한 면적을 가지기 때문에 표면의 질감, 색채에 따라 다양한 감성을 전달할 수 있다는 특성을 가진다.

면을 활용한 조형 연습 1_면과 패턴

면은 일정한 면적을 차지하여 형을 만들고, 일정한 단위의 면을 반복하면 패턴이 형성된다. 또, 단위와 단위가 만나는 곳에서 다시 새로운 패턴이 만들어질 수 있다. 즉, 단위가 되는 패턴의 구성이 새로운 패턴을 만들어 주는 역할을 하기도 한다. 이 점을 염두에 두고 단위 패턴을 만들어 보도록 유도하자.

실·습·예·제

면이 규칙을 가지고 반복되면 패턴이 될 수 있다. 9cm의 정사각형을 면 분할하여 하나의 단위를 만들고, 이것을 반복해 패턴을 만들어 보자. 단위 형태가 반복되는 가운데 새로 형성되는 패턴을 찾아보자.[1]

1) 본 실습 예제는 〈기초디자인〉(안그라픽스) 82페이지를 응용하여 학생들이 실습한 결과임.

학생 작품 사례 1 | 정수민

위의 학생이 반복 단위로 설정한 것은 왼쪽 맨 위의 사각형 안에 든 면의 구성이다. 이 면을 반복하는 과정에서 단위와 단위가 만나면서 새로운 형태의 단위가 형성되는 것을 알 수 있다. 이와 같이 면 분할을 통해서 패턴을 만들 때에 이들이 만나면서 생겨나는 예기치 못했던 새로운 패턴을 발견하는 계기가 될 수 있다.

위 학생의 작품은 왼쪽 위의 사각형에 들어 있는 면 분할을 하나의 단위로 삼았다. 반복의 과정에서 형성된 새로운 패턴을 발견할 수 있다.

학생 작품 사례 2 | 고명은

면적인 요소를 활용한 조형 연습 2_ 단면의 발견

이 과제는 주변 사물의 다양한 단면을 조사해 보고, 그 과정을 통해 일정한 패턴을 발견함으로써 일상 사물에 숨어 있는 조형적 요소를 발견하는 안목을 키우고자 하는 데에 목적이 있다. 규칙성을 발견하여 패턴화할 수 있는 사물을 중심으로 작업하도록 유도하자. 또한, 여기서 발견한 패턴을 기하학적으로 단순화하여 평면작업으로 전개하는 과제도 진행해 볼 수 있다.

실·습·예·제

우리 주변에 있는 많은 사물들의 내부에는 어떠한 조형요소가 숨겨져 있을까? 다양한 재료를 활용해 주변의 사물들의 단면을 표현해보자.

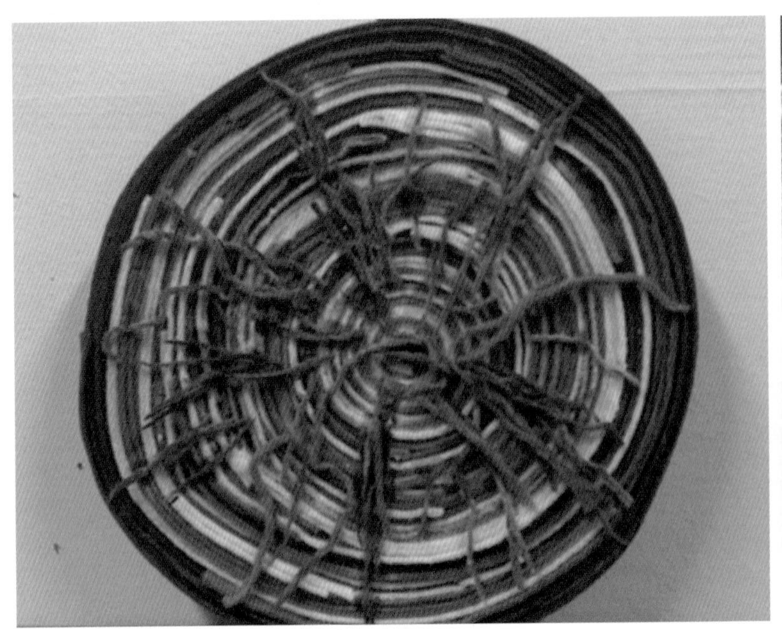

위의 작품은 나무의 단면을 표현하고 있다. 원형으로 반복되는 나이테의 패턴과 이를 가로지르는 나무의 갈라진 부분의 표현이 재미있게 어우러져 독특한 질감 효과와 패턴을 동시에 잘 표현해주고 있다. 재료 선택에 있어서도 펠트를 사용해 나무가 가지는 따스한 느낌이 잘 표현하였다.

학생 작품 사례 1 | 전영규

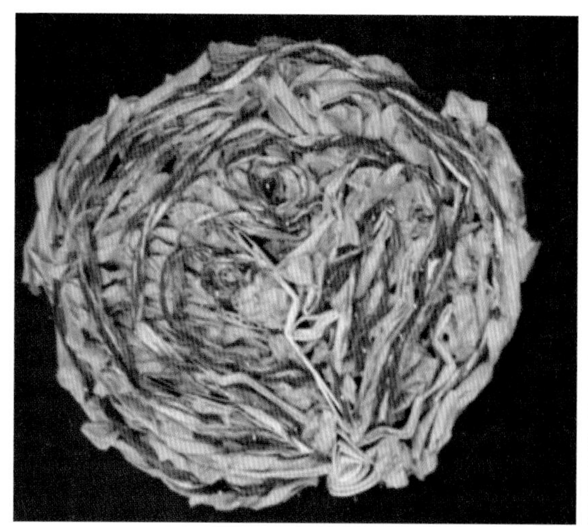
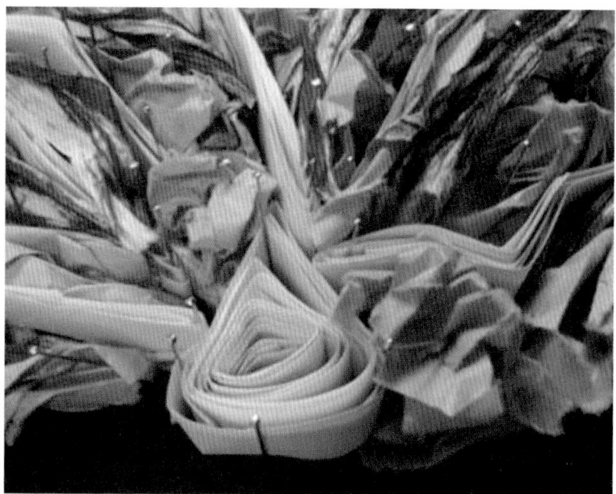

학생 작품 사례 2 | 김보람

양배추의 단면을 표현하고 있다. 보라색의 한지와 흰색 A4용지를 사용하여 양배추의 이파리 부분과 심 부분을 표현하였다. 실제 양배추에서 느낄 수 있는 딱딱한 질감과 부드러운 질감의 표현을 구겨서 표현한 한지와 흰 종이의 대비로 잘 나타냈고, 중간중간 진한 보라색 한지를 넣어줌으로써 일정한 패턴을 찾아주고 있는 점이 매우 돋보인다.

완충 포장용 비닐, 부직포, 한지 등을 사용해 적상추의 단면을 표현하였다. 한지에 구김을 줘서 적상추의 표면의 특징을 잘 보여주고 있으며 한지와 비닐을 교차로 말아줘서 적상추의 층이 진 단면을 잘 보여주고 있다. 중간중간 색이 다른 부직포를 끼워 넣어 변화를 주고 있다.

학생 작품 사례 3 | 임윤지

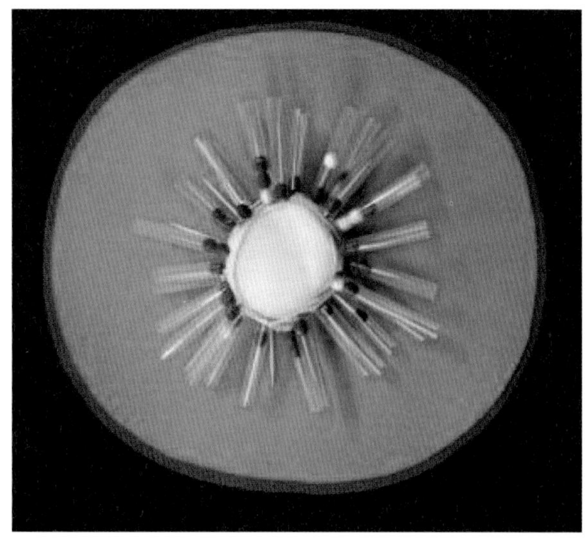

학생 작품 사례 4 | 이세란

부직포, 스트로, 솜, 종이 노끈, 이쑤시개, 스티로폼 등을 활용해 키위의 단면을 표현했다. 이쑤시개에 흰색, 검은색 스티로폼 볼을 꼽고 투명한 비닐 빨대를 끼워 키위 단면의 질감을 잘 나타냈다. 흰색 솜 주변으로 노란 종이 노끈을 말아준 관찰력이 돋보인다.

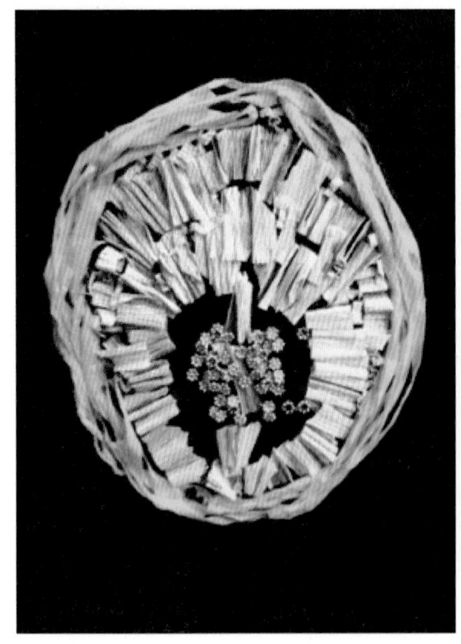

학생 작품 사례 5 | 정호영

무화과의 단면을 표현한 작품이다. 점적인 재료와 선적인 재료를 잘 활용해 단면의 형태 및 질감, 특성을 잘 표현해 주고 있다. 특히 가운데에 들어 있는 씨앗의 표현이 인상적이다.

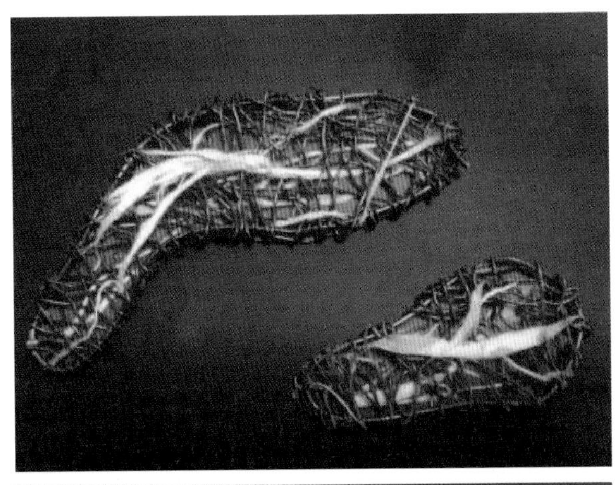

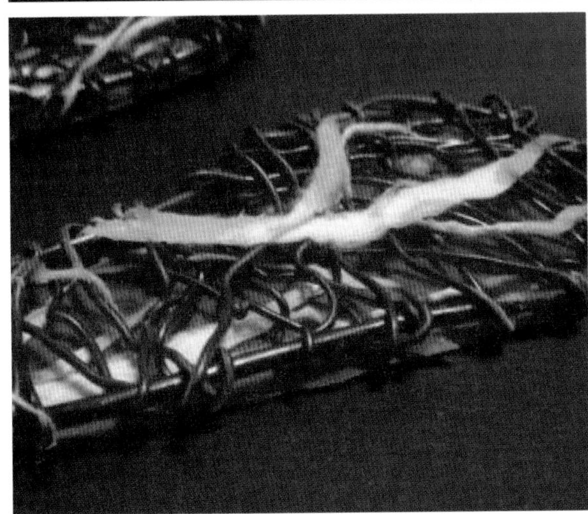

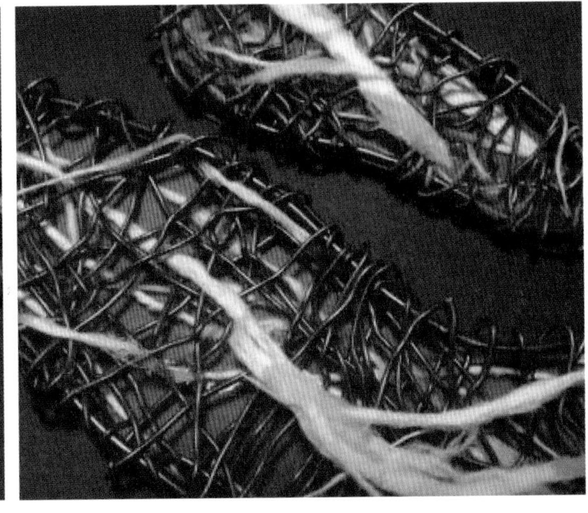

학생 작품 사례 6 | 정지연

붉은색 종이, 한지, 철사를 사용해 고기의 단면을 표현했다. 철사를 사용해 고기의 조직 구조를 표현하고, 한지를 찢어서 철사의 위쪽과 아래쪽에 넣어 심줄을 나타내고 있다. 선택한 소재 자체도 독특하고 나타내기 힘든 질감 표현을 적절한 재료를 사용해 잘 보여주고 있다.

chapter 4

형

형에 대한 이해

형|shape|이란 외곽을 한정 짓는 선이나 혹은 색상 등으로 인해 시각적으로 인식될 수 있는 일종의 형태를 의미한다. 우리가 시각적으로 인지할 수 있는 모든 것은 고유의 형을 지니고 있는데, 우리 주변에 존재하는 사물들의 형태가 매우 다양하기 때문에 하나의 통일된 기준으로 나누어 분류하고 유형화하기는 힘들다. 이와 같이 다양한 형을 최대한 포괄적으로 유형화시켜 보면 자연형, 반추상형, 추상형으로 나누어 볼 수 있겠다.

먼저, 자연형이란 자연에서 볼 수 있는 여러 생명체들의 형태를 의미한다 할 수 있다. 자연의 범위는 너무나 크고 넓어 이 또한 지나치게 광의의 개념이 될 수 있으나 새, 고양이, 개와 같은 동물에서부터 나비, 딱정벌레, 잠자리 등과 같은 곤충, 나무, 꽃, 풀과 같은 식물들 등 다양한 종, 속, 과를 이루는 생명체 들을 떠올리면 된다. 이들은 생물학적 분류가 유사한 것끼리 대체로 유사한 질서와 형태를 가지고 있다. 새를 예로 들면 다양한 크기와 형태의 새가 존재하지만 새라는 것은 날개와 두 다리, 부리가 있다는 기본적 형태의 특성을 추출해 낼 수 있다. 나무 또한 다양한 형의 나무가 존재하지만 기본을 이루는 몸체와 잔가지, 나뭇잎의 요소로 기본적인 형태를 추출해 낼 수 있다는 것이다. 이와 같이 우리는 알게 모르게 자연의 형태에서 질서를 찾고 규칙을 찾아내고 인식할 수 있으며, 완벽하지는 않지만 자연에 있는 생물체들은 상당 부분 대칭을 이루고 있다.

우리는 이러한 자연의 형태를 간략하게 생략, 변형해도 어느 정도 자연물을 연상하고 유추해 낼 수 있다. 이와 같이 자연의 형태가 생략, 변형이 되었지만 그것이 연유된 형태를 유추해 낼 수 있는 단계의 형태를 우리는 반추상|半抽象|형이라고 한다. 즉, 구체적인 상을 알아볼 수 있는 구상|具象|과 자연의 재현이나 연상과 연결되지 않으며, 순수한 조형적 요소만으로 구성된 추상|抽象, Nonobjective|형의 중간적 성격을 가진다. 즉 반추상형은 자연형이 생략, 변형되었으나 원래의 자연형이 어떤 것인지 유추해 낼 수 있는 중간적인 추상 형태를 말한다고 이해할 수 있겠다.

그림 1 | 기하학적 형태라 할지라도 위와 같이 어떤 사물을 연상할 수 있는 것은 추상형이라기보다는 반추상형에 가깝다고 볼 수 있다.

한편, 추상형이란 앞서 말한 바와 같이 재현이나 연상의 기능을 하지 않아 형태에서 주변 사물에 대한 연상을 하는 것이 불가능한 형을 말한다. 일정한 형상이 없거나 기하학적인 형상을 하고 있는 경우가 많은데 같은 기하학적 형태를 지니고 있다고 해도 자연의 형태에서 단순화된 환원적 형태는 반추상형으로 분류하여 생각해야 한다. 추상적이란 것은 구체적인 대상물과 관계가 되어 있지 않은 비구상적[Nonobjective] 형태를 말한다.

그러나 구체적인 형상을 그리지 않은 추상적인 형태에서도 우리는 우리가 알고 있는 형태를 연상해 내기도 한다. 이것은 인간이 대상을 지각할 때 자신들에게 익숙하고, 단순한 형태를 보고자 하는 성향이 있기 때문이다. 즉 인간은 사물을 체험할 때 시각 정보를 부분으로 보는 것이 아니라 전체를 보려 하는 경향이 있다는 것이다.

20세기 초 이래로 심리학자들은 이와 같이 인간의 눈과 두뇌가 형태를 지각하는 원리를 밝히기 위해서 시지각 분야에서 여러 가지 연구를 진행해 왔다. 형태이론, 형태심리학으로도 불리는 게슈탈트 심리학은 게슈탈트 지각이론으로 널리 알려져 있으며 인간이 물리적 환경을 어떻게 지각하는가에 대해 연구하는 학문이다. 게슈탈트(Gestalt)라는 것은 형, 형태, 전체, 윤곽 등을 뜻하는 독일어이다. 게슈탈트 심리학자들에 의하면 개체는 대상을 지각할 때 그것을 산만한 부분의 집합이 아니라 의미 있는 전체, 즉 '게슈탈트'로 만들어 지각한다고 말한다. 이 이론에서는 부분의 단순한 결합이 아닌, 어떤 순간의 전체적 윤곽이나 형태가 중요성을 가지게 된다고 주장한다. 쉽게 생각하면 우리가 사람의 얼굴을 볼 때 눈, 코, 입을 따로따로 보는 것이 아니라 얼굴 전체를 보는 것과 같은 이치다.

인간은 무질서한 상황에서도 본인에게 익숙하며 단순하고, 안정된 구조로 대상을 파악하려는 경향이 있기 때문에 전체적으로 그루핑(Grouping)하여 이미지를 보는 경향이 있는데, 이와 같은 게슈탈트 그루핑의 법칙을 이해하고 잘 활용하면 디자이너들의 표현 및 공감능력 향상에 많은 도움이 될 수 있다. 게슈탈트 그루핑의 법칙[2]은 다음과 같다.

2) 게슈탈트 그루핑의 법칙은 《디자인의 개념과 원리》(안그라픽스) pp.420~422를 참고로 하여 정리·재구성하였음.

유사성|Similarity| | 비슷한 모양의 형이나 그룹을 하나의 그룹으로 묶어서 보려는 경향이 있는 것을 의미한다. 형의 표면에 색채, 질감, 명암, 그리고 패턴 등을 적용하면 사람들은 동일한 색채나 질감을 형태보다 강하게 그룹으로 묶어서 인식한다.

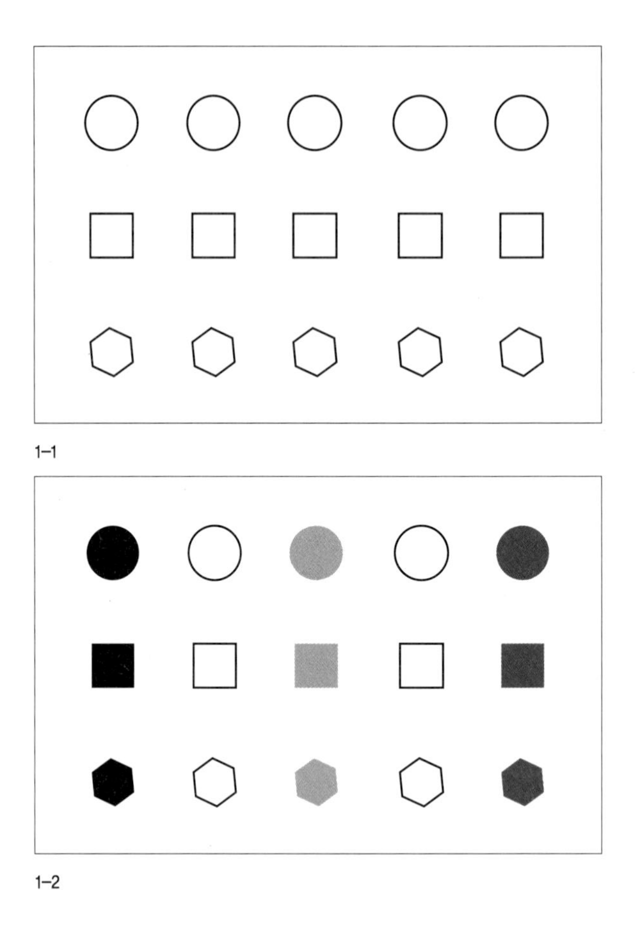

1-1

1-2

그림 1-1과 같은 상태일 때 우리는 왼쪽의 경우 원끼리, 사각형끼리, 육각형끼리 하나의 그룹으로 인식한다. 반면 그림 1-2의 경우 같은 색상끼리 묶어서 하나의 부류로 인지한다.

근접성|Proximity| | 비슷한 모양이 서로 가까이 놓여 있을 때 가까이 있는 요소들을 하나의 그룹으로 보려는 경향이 있는 것을 의미한다. 즉 서로 멀리 떨어져 있는 것보다는 근접해 있는 것들을 하나의 그룹으로 파악하고 묶어서 보려는 경향을 의미한다. 여기에 색채, 명암, 패턴, 또는 질감과 같은 다른 특성이 더해지면 묶어서 보려는 경향이 일반적으로 더 강해진다.

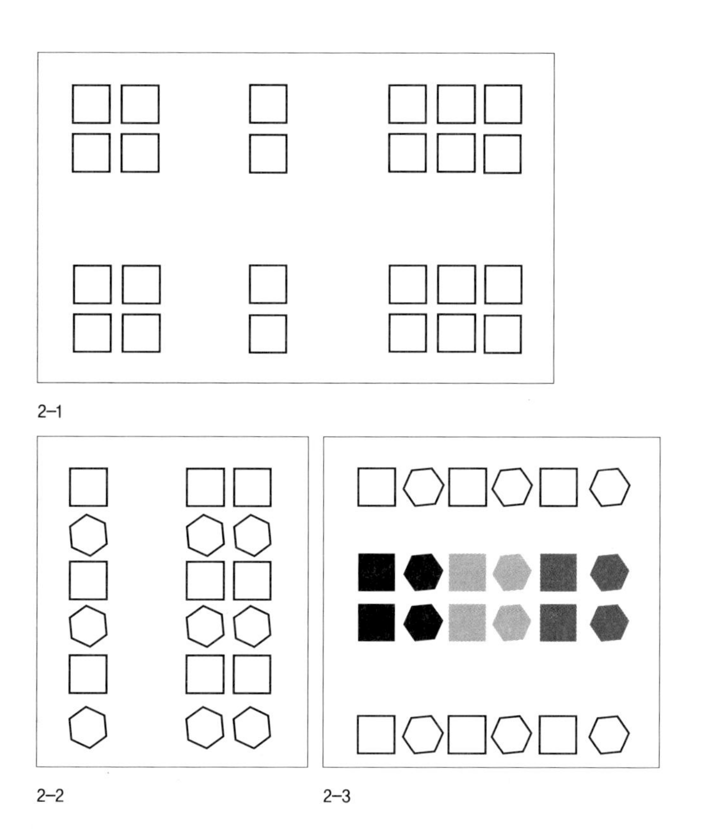

2-1

2-2

2-3

그림 2-1에서 우리는 사각형을 각각 4개씩, 2개씩, 6개씩 그룹지어 본다. 그림 2-2에서는 형태가 비록 다를지라도 가까이 있는 것끼리 그룹지어 보기 때문에 가로 방향으로 사각형끼리 6각형끼리 그룹지어 보는 것이 아니라 세로 방향으로 사각형과 육각형을 함께 하나의 그룹으로 인식한다. 그림 2-3에서는 가로 방향으로 그룹지어 보며, 그 중에서도 색이 같은 형태를 하나의 그룹으로 인식한다.

폐쇄성[Closure] | 사람들은 불완전하게 생긴 형태나 그룹들을 볼 때 폐쇄된 완전한 형태로 완성시켜 보려는 경향이 있다는 것을 의미한다. 즉, 인간은 지각 과정에서 필요한 정보를 폐쇄성의 원리에 따라서 스스로 채운다는 것이다.

3-1

3-2

그림 3-1에서는 삼각형이 그려져 있지 않지만 우리는 삼각형의 형태를 만들어 보고, 그림 3-2는 R자의 형태로 본다. 이와 같이 인간은 불완전한 형태를 폐쇄하여 완전한 형태로 보려 하는 경향이 있다.

연속성|Good continuation| | 어떠한 형이나 형태가 방향성을 지니고 연속될 때에 우리는 이것들 사이에 존재하는 공백을 형태에 포함시켜 연속성을 가지는 것으로 인식하려는 경향을 의미한다.

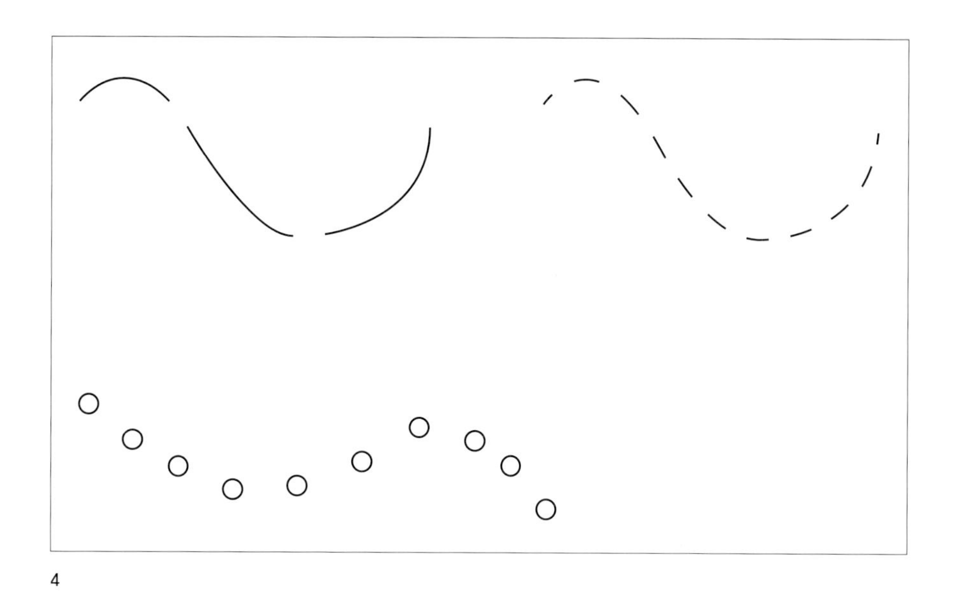

4

그림 4의 경우 곡선이 중간중간 끊어져 있지만 우리는 이것을 연속적으로 이어서 형태를 파악하고자 하는 경향이 있다. 가운데, 오른쪽의 그림의 경우도 우리는 이를 따로따로 떨어진 선이나 원으로 인식하는 것이 아니라 연속된 곡선의 형태처럼 지각하는 것이다.

형의 특성을 활용한 조형 연습 1_ 자연형에서 추상형으로의 전개

본 과제는 형을 단순화, 변형시키고 환원적 요소만을 뽑아내 형을 구성하는 과정을 통해 자연형, 반추상형, 추상형에 대한 개념적 이해를 돕기 위한 예제이다. 구체적인 자연물의 형태에서 이를 단순화함으로써 어느 정도 형태를 연상할 수 있는 반추상형의 형태를 만들고, 반추상형의 형태에서 기하학적인 기본 요소만을 활용해 추상적 형태를 만들어내도록 한다. 따라서 마지막 추상화의 단계에서 재현적인 형태가 그대로 남아 있지 않도록 유도하는 것이 필요하다. 본 예제에서는 사각형의 사이즈를 정해 주었으나 준비해 온 이미지에 따라 자유롭게 변형 가능하도록 한다.

실·습·예·제

다음과 방법으로 자연물의 이미지를 단순화하는 과정을 통해 반추상화에서 추상화로 전개시켜 보도록 하자.

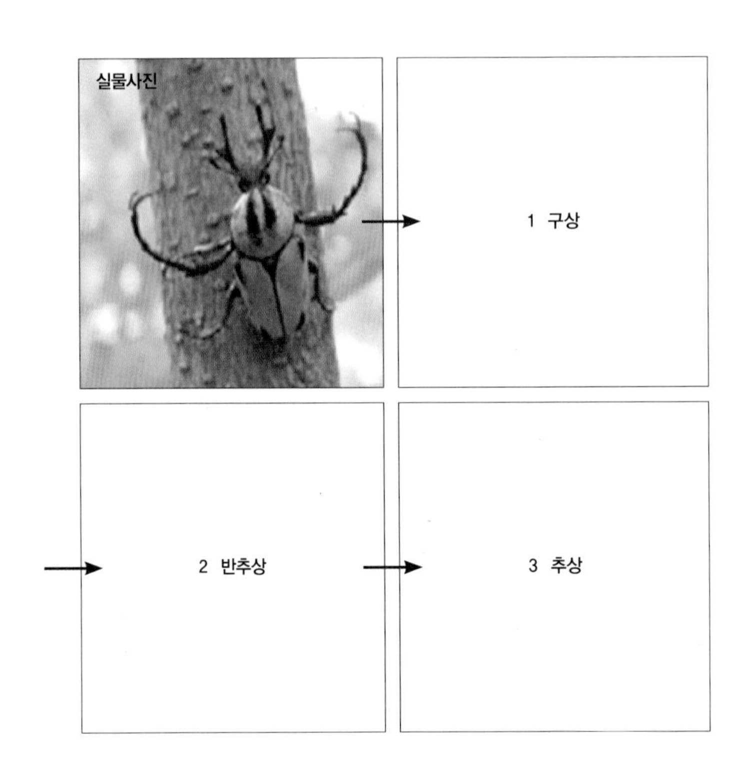

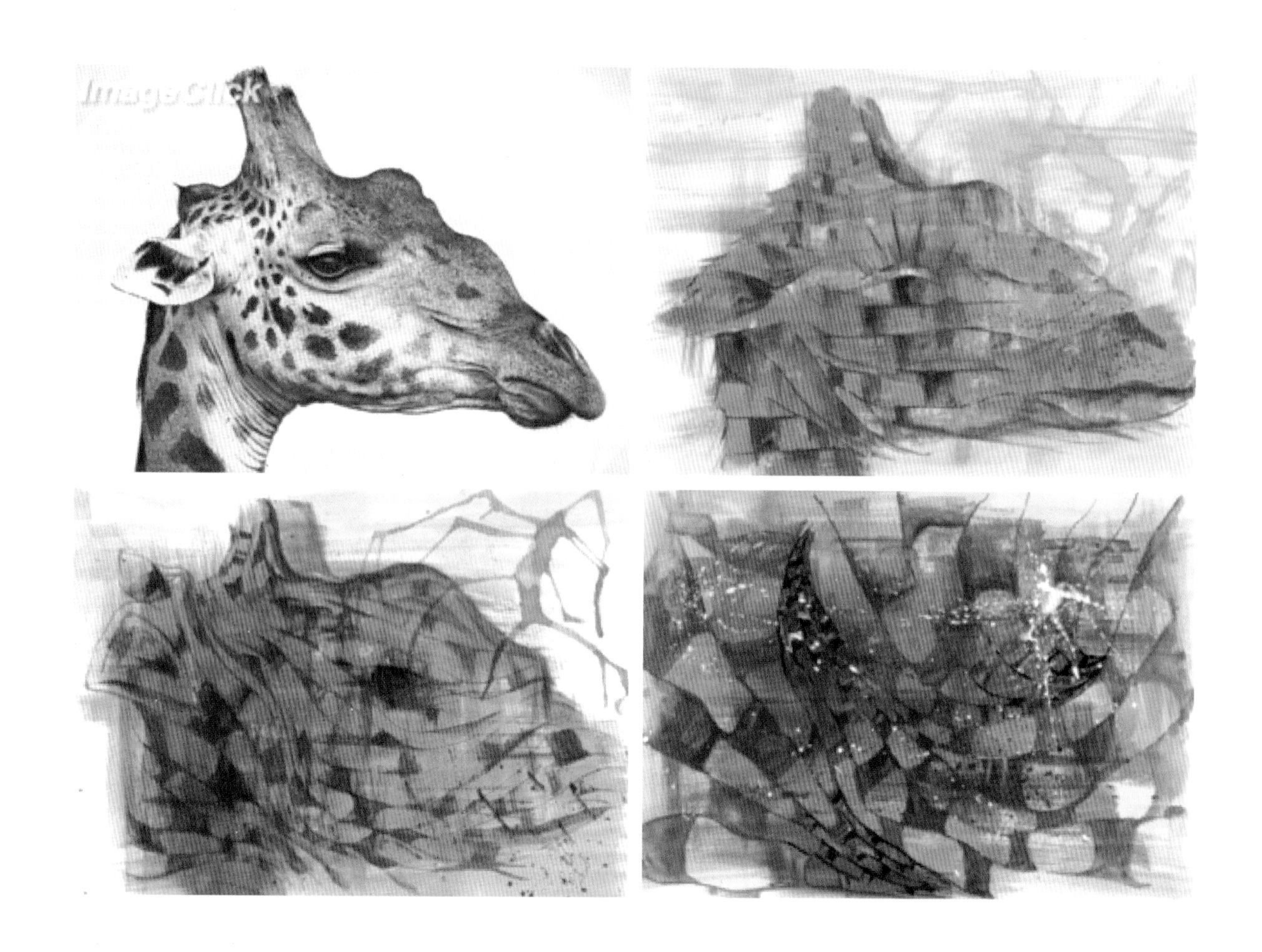

학생 작품 사례 1 | 이상희

기린을 단순화하여 표현한 작품으로 1단계의 간략화하는 과정에서 이미 반추상으로 전개할 조형적 요소들을 추출해내고 있다. 기린의 반점과 가로선의 요소를 중심으로 1단계에서 단순화하고 마지막 단계에서는 곡선적 색면의 교차로 구성된 추상적 화면을 구성하였다. 2단계인 반추상의 단계에서 기린을 연상할 수 있으면서도 특징적인 부분만을 잘 포착하여 반추상적인 단계로 잘 전개되었기 때문에 마지막 단계에서도 순수한 조형적 요소를 중심으로 목적에 맞는 표현이 이루어졌다.

학생 작품 사례 2 | 채루미

첫 번째 단계에서 치타의 조형적 특징을 중심으로 간략하게 표현하여 다음 단계에서는 이를 중심으로 추상화 작업을 진행해 반추상의 단계로 잘 표현했다. 원, 점박 무늬, 매서운 눈을 중심으로 표현하여 마지막 단계에서는 순수한 조형적 요소만으로 추상화한 것을 볼 수 있다. 단순화와 추상화의 과정은 기하학적인 표현뿐만 아니라 자유로우면서도 회화적인 표현도 가능함을 보여준다.

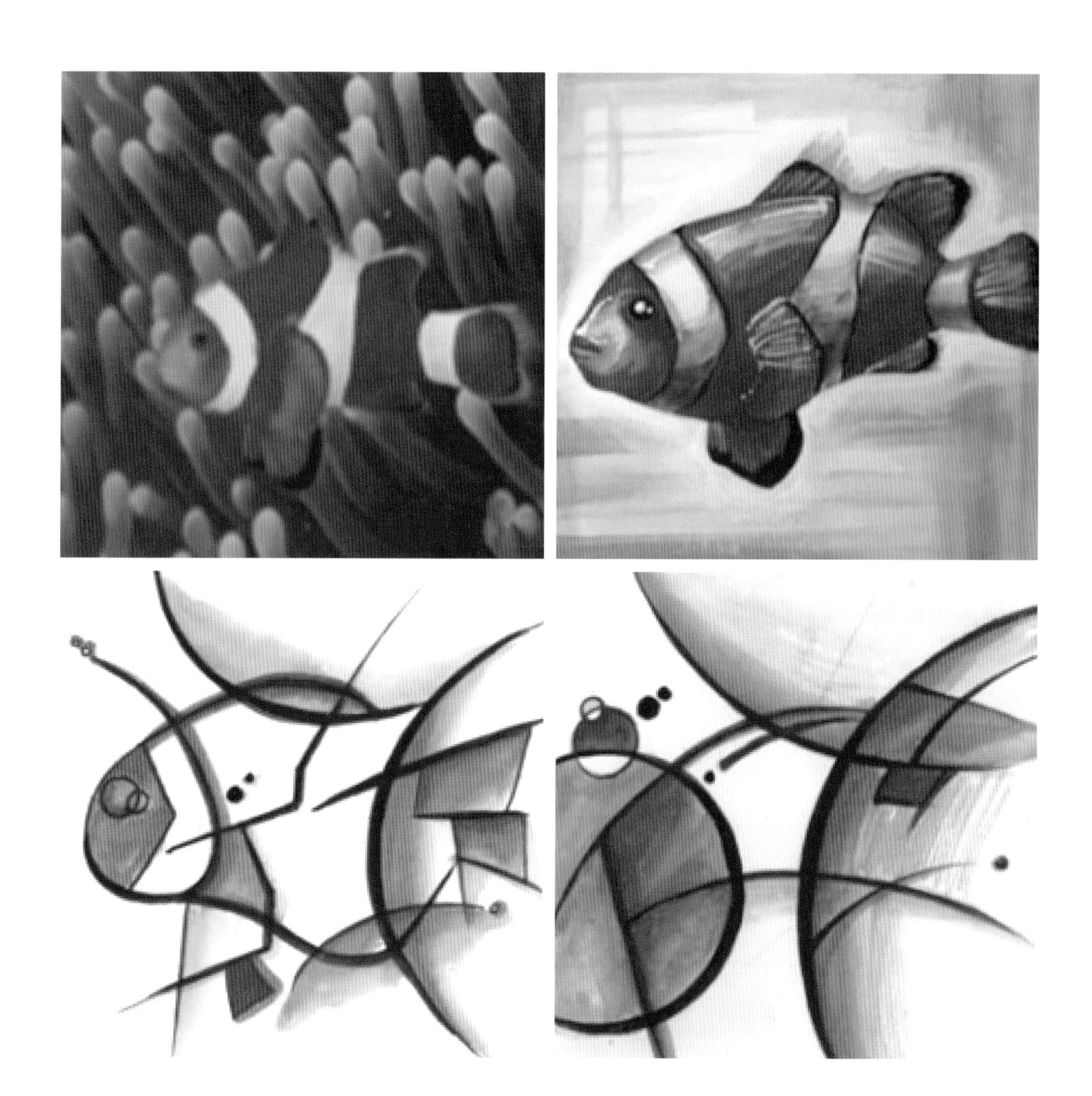

학생 작품 사례 3 | 김은지

물고기를 간략화하는 단계를 거쳐 마지막 추상화의 단계에서는 원과 색상만을 남겨 놓고 있다. 처음 단계가 사진이니 자세히 묘사하기보다는 간략한 스케치 느낌으로 표현했어도 좋을 듯하다. 그러나 반추상의 단계에서 물고기를 연상시킬 수 있는 특징적인 부분이 보이면서도 묘사적이지 않은 반추상의 단계에 적합한 표현을 한 점이 돋보이며, 배경색에 쓰였던 색상과 물고기 문양인 검은 라인 등을 추출해 추상화시킨 점은 좋은 사례로 볼 수 있다.

학생 작품 사례 4 | 정수민

양의 옆모습을 단순화한 작품이다. 처음 단계부터 양 본래의 색 그대로를 재현하기보다 몸 부분의 곱슬곱슬한 털 부분의 특징을 중심으로 포착하고 다양한 컬러를 넣어 표현했다. 다음 단계에서는 이를 기하학적으로 단순화시키고 마지막 단계에서는 색면만 남겨 두었다. 첫 단계에서 사실에 지나치게 충실하지 않게 간략화하면서 주된 표현 요소로 잡을 부분을 포착한 점이 인상적이다. 두 번째 반추상화의 단계에서는 재현적인 요소가 좀 더 제거되어도 좋을 듯하다.

형의 특성을 활용한 조형 연습 2_ 형태와 연상

본 예제는 기하학적 형태를 사용해 구성, 조합을 통해 연상을 불러일으킬 수 있는 이미지를 만들어내는 것을 목적으로 한다. 그동안의 과제는 색을 억제하는 것이었다면 본 과제에는 명도 변화만 가능하다는 전제하에 1가지 색상만 자유롭게 선택하여 사용하도록 한다.

과제를 통해 형태와 연상 간의 관계, 색상의 의미를 함께 생각해 보도록 하는 데 과제의 목적이 있다. 주어진 조건을 활용해 구상적인 형태를 만들어 보는 것보다는 기하학적인 요소들 간의 위치 및 상호관계를 통해 주어진 주제의 연상을 불러일으킬 수 있는 작품을 제작하도록 하는 데 중점을 둔다.

실·습·예·제 1

어떠한 형태는 기억과 연관되어 연상을 불러일으킨다. 언어와 형태간의 관계를 생각하며 다음 조건에 맞추어 다음의 단어들을 연상할 수 있는 이미지를 만들어 보자.

힘, 질서, 자유

1) 4개의 사각형을 사용할 것

2) 1가지의 색상만 사용할 것(명도 변화는 주어도 된다.)

학생 작품 사례 1 | 박지윤(좌), 임주영(우)

둘 다 '힘'이라는 주제를 연상할 수 있는 구성을 했다. 왼쪽의 경우는 사각형 4개를 활용하여 넥타이를 연상시킬 수 있는 배치를 하고, 이를 통해 권력, 힘과 같은 언어를 연상할 수 있도록 했다. 반면 오른쪽의 학생 작업은 커다란 크기의 사각형과 작은 사각형의 배치 관계를 통해 '힘'을 연상할 수 있도록 했다. 절반 이상의 공간, 위쪽을 차지하는 크고 검은 사각형과 작게 흩어져 있는 사각형들의 관계를 통해 힘의 역학관계를 짐작할 수 있다.

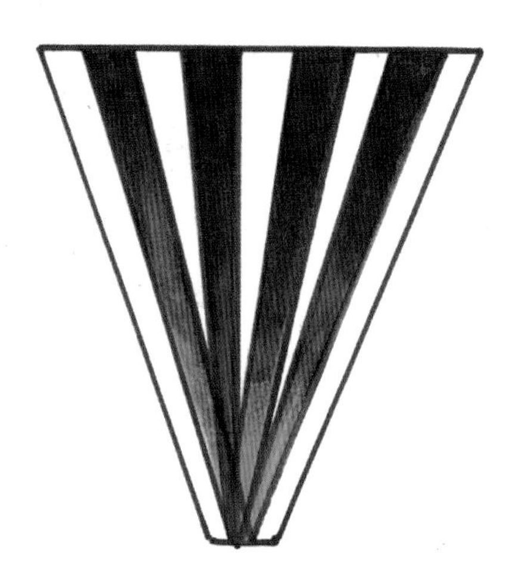

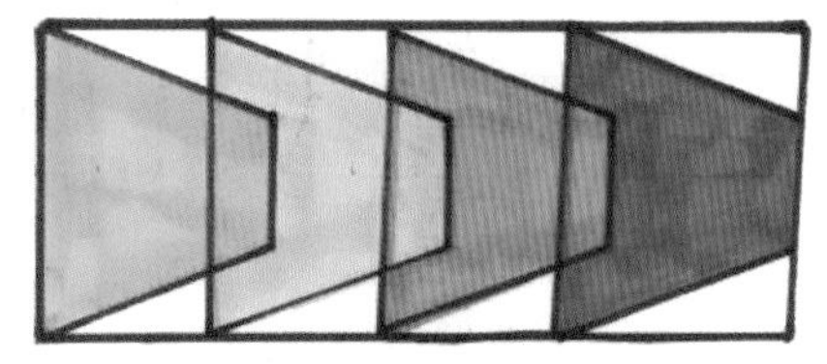

왼쪽의 작품은 '질서'를 나타내고 있으며 오른쪽의 작품은 '힘'을 나타내고 있다. 색상을 한 가지 사용해도 된다는 조건을 주어도 많은 학생들이 색상을 사용하지 않고 무채색을 중심으로 표현하는 반면, 이 학생은 색을 사용해 제작했다. 방향성을 가지는 초록색 사각형 4개가 나란히 정렬되어 있는 표현을 통해 질서를 나타내고자 했으며, 힘이라는 주제에는 한 점으로 집중되는 구도의 붉은색 사각형 4개를 사용해 표현하였다.

질서라는 주제에 긍정적인 의미로서의 초록색을, 힘이라는 주제에 다소 억압적이고 부정적인 의미로서의 붉은색을 상징적으로 적용시키고자 했음을 알 수 있다. 두 작품 모두 그러데이션을 줘서 표현했는데, '힘'의 표현에서는 힘이 몰리는 방향에 짙은 색이 오도록 표현하면 더 효과적이었을 것이다. 또한 외각을 둘러주는 사각형과 역사다리꼴의 형태는 굳이 필요없는 요소라 할 수 있다. 엄밀하게 말하면 사각형 4개라는 조건에 위배될 수 있으므로 이 부분은 제거하면 주어진 조건에 맞으면서도 좋은 표현이 될 수 있다.

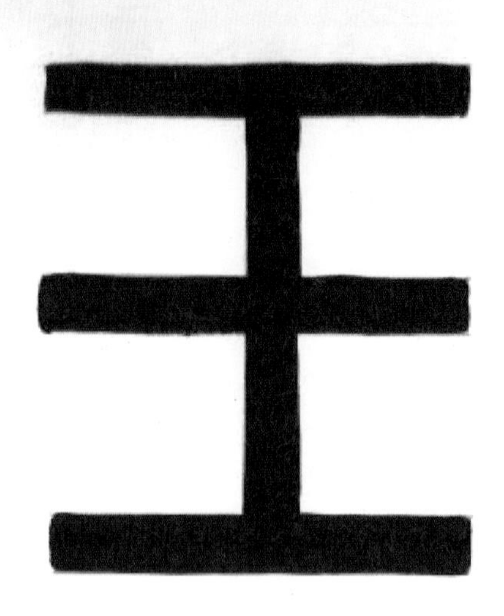

학생 작품 사례 3 | 전현정(좌), 정수민(우)

두 사람 모두 사각형을 이용해 '힘'과 관련된 구체적인 형상을 제작해 표현하고자 했다. 사각형을 휘어 자석의 형태를 만들고, 사각형 네 개를 사용해 '왕'의 글자를 만듦으로써 자석의 힘, 왕이 가진 권력과 힘을 연상하도록 했다. 사각형을 휘었다는 발상과 문자를 만들겠다는 발상 자체는 좋지만 본 과제의 목적은 기하학적 요소의 크기, 위치 관계를 중심으로 조형적 연상을 탐구할 수 있도록 과제를 유도하는 것이 필요하다.

학생 작품 사례 4 | 정수민(좌), 임주영(우)

두 학생 모두 규칙적이고 간결한 사각형의 배열을 통해 질서의 이미지를 표현했다. 왼쪽은 점점 멀어져가는 사각형의 형태를 배치했고 오른쪽은 동일한 크기의 사각형을 배치했다. 두 작품 모두 개념적으로는 질서의 이미지를 느낄 수 있도록 잘 표현하고 있다. 사각형과 사각형의 간격, 크기 등을 좀 더 철저하고 정밀한 간격으로|동일하거나 아니면 명확한 규칙성을 가지는 간격으로 표현되거나| 표현한다면 더욱 완성도가 높아 보일 수 있을 것이다.

학생 작품 사례 5 | 정수민(좌), 전현정(우)

모두 '자유'를 표현한 작품이다. 왼쪽은 부러진 창살을, 오른쪽은 열린 문을 연상할 수 있도록 간결하게 표현을 하고 있다. 왼쪽 학생은 자유를 구속하는 창살은 억압적인 느낌을 줄 수 있는 검은색으로 표현하고, 바깥 세상을 흰색으로 표현하였다. 오른쪽 학생은 갇혀 있는 공간을 검은색으로, 문 밖으로 열린 공간을 흰색인 무채색으로 표현하였지만 두 학생 모두 색과 상징 간의 관계를 고려하여 표현하고 있음을 알 수 있다.

실·습·예·제 2

기하학적 도형을 사용해 10컷짜리 스토리를 제작해 보자. 단 컬러는 사용하지 말고 흑백의 이미지로 제작하도록 한다.

앞선 과제보다 한 단계 더 복합적인 구성이 필요한 과제이다. 하나의 화면 안에 스토리를 짐작할 수 있는 구성을 하기 위해서는 적절한 그루핑을 통해 상징하고자 하는 이미지를 구성하는 것이 중요하다. 또한 10컷에 지속적으로 등장할 '주인공'을 어떻게 표현할 것인가를 미리 정하고 반복하여 스토리의 일관성을 인식하도록 하는 것도 중요하다.

학생 작품 사례 1 | 황성연

무슨 이야기인지 짐작할 수 있을까? 아마도 많은 사람들이 세 번째 칸에서 인어공주 이야기라는 것을 짐작할 수 있었을 것이다.

물결을 연상할 수 있는 곡선을 통해 물 아래 사는 인어공주의 상황을 표현했으며, 다른 원과는 달리 인어공주만 두 겹의 원으로 표현해 차별성을 두었다. 인어공주는 두 겹의 원, 왕자는 사각형으로 표현해 이야기를 읽어나갈 수 있게 했다. 바닷속 마녀를 찾아가 두 다리를 가지고 싶다고 부탁하는 장면에서는 두 개의 긴 막대로 상황을 설명하고 있다. 또한 왕자가 결혼하게 된 이웃나라 공주는 같은 사각형에 색상만 다르게 표현해 종족의 동일성 및 성별의 차별성을 읽도록 한 점이 훌륭하다. 다만 왕자를 검은색 사각형으로, 공주를 흰색 사각형으로 표현해 성별 표현에 있어서의 원칙을 가졌으면 더욱 좋았을 것이라는 생각도 든다.

학생 작품 사례 2 | 임윤지

심청전을 표현한 작품이다. 아마도 세 번째 장면을 통해 앞선 두 장면이 이해가 되었을 것이라고 본다.

원과 삼각형으로 사람의 형태를 간략화해서 표현하였다. 작은 원으로 심청이의 땋은 머리카락과 심 봉사의 상투를 표현하였고, 심청이의 아버지가 앞을 못 보는 상황을 얼굴에 검고 긴 사각띠를 둘러 표현하고 있다. 심청이를 만나고 눈을 뜬 이후에는 이 사각띠를 지운 모습으로 표현하고 있는 점이 스토리의 이해를 돕고 있으며, 임금님의 지위를 모자의 형태로 표현하고 있는 점도 돋보인다.

chapter 5

질감

질감에 대한 이해

우리 주변에 존재하는 모든 사물들은 크건 작건 일정한 면적을 차지하고 있으며, 표면은 저마다 고유의 재질감을 가지고 있다. 즉 일상생활의 모든 사물은 시각적으로나 촉각적으로 어떤 질감을 가지고 있다는 것이다. 질감|texture|이란 사물의 표면적 특성을 말하는 것으로서 우리의 촉각과 밀접하게 관련되어 있다. 우리는 어떤 사물의 표면을 만져봄으로써 거칠다, 부드럽다, 딱딱하다, 매끈하다 등의 여러 감각을 느낄 수 있다. 그러나 우리는 만져보지 않고 눈으로 어떤 사물을 보는 것만으로도 재질감을 느낄 수 있다. 즉, 눈으로 보는 것만으로도 우리는 어떤 사물에 대해 부드럽다, 딱딱하다, 거칠다 등의 판단을 할 수 있는데, 그것은 우리가 과거에 그러한 표면의 사물을 촉각으로 경험했기 때문에 시각적 자극만으로도 촉각적 감각까지 유추해 느낄 수 있는 것이다.

질감은 실제로 직접 만져볼 수 있는 촉각적 질감|tactile texture|과 눈으로 보고 느낄 수 있는 시각적 질감|visual texture|으로 나누어 볼 수가 있다. 예를 들면 회화 작품의 경우 캔버스 천 자체가 가지는 질감, 물감이 가지는 질감은 촉각적 질감에 해당한다. 그러나 사실적인 회화 작품에서는 색채와 명도를 적절한 기법으로 표현하여 마치 실제 사물의 질감을 보는 듯한 느낌을 전달한다. 예를 들어 우리가 사실적으로 잘 그려진 초상화를 본다고 가정했을 때 사람의 피부의 부드러운 질감, 머리카락의 가느다랗고 섬세한 질감, 머리 장식, 보석에서 느껴지는 차갑고 매끈한 질감, 의상에서 느껴지는 옷감의 질감을 각각 달리 느낄 수 있다. 실제로는 모두 물감이라는 재료로 사용해 표현한 것이지만 우리는 표현 방법에 따라 시각적 자극만으로도 실제에 유사한 질감을 충분히 느낄 수 있는 것이다. 인상파 회화 이전의 회화에서의 가장 큰 과제는 2차원의 평면에 어떻게 3차원의 공간과 질감을 최대한 유사하게 재현해내는가 하는 것이었다. 이와 같이 표현된 질감을 바로 시각적 텍스처라고 하는데, 이것은 우리의 눈에 그렇게 보이는 것일 뿐 실제 질감과는 관계가 없다.

사진기의 발명 이후 미술가들의 임무였던 사실의 재현을 사진기가 대신하게 되면서 화가들은 더 이상 실재세계의 환영을 2차원에 재현해내는 일이 불필요하게 되었다. 이후 인상파 회화에서 볼 수 있듯이 물감 그 자체의 특성이 반영되는 실제의 촉각적 질감을 느낄 수 있는 표현들이 이어졌다.

질감의 특성을 활용한 조형 연습_ 다양한 질감 표현하기

본 예제는 주변 사물 혹은 자연에 대한 질감을 표현하기 위해 적절한 재료를 선정하고 색채를 사용해 보는 경험을 통해 1차적으로는 자연의 질감의 특성을 관찰하고 이해하는 능력을 키우고, 2차적으로는 최대한 유사하게 표현하기 위해 탐구하는 과정에서 다양한 표현 기법과 재료에 대한 공부를 하는 데에 목적이 있다. 따라서 여러 가지 재료를 사용할 것을 권장하며, 표현 기법 또한 다채롭게 모색해 보도록 다양한 표현 기법의 사례를 보여 주는 것도 좋다.

실·습·예·제

우리 주변에 존재하는 질감의 자료를 수집하고, 이를 다양한 재료를 활용해 표현해 보자.

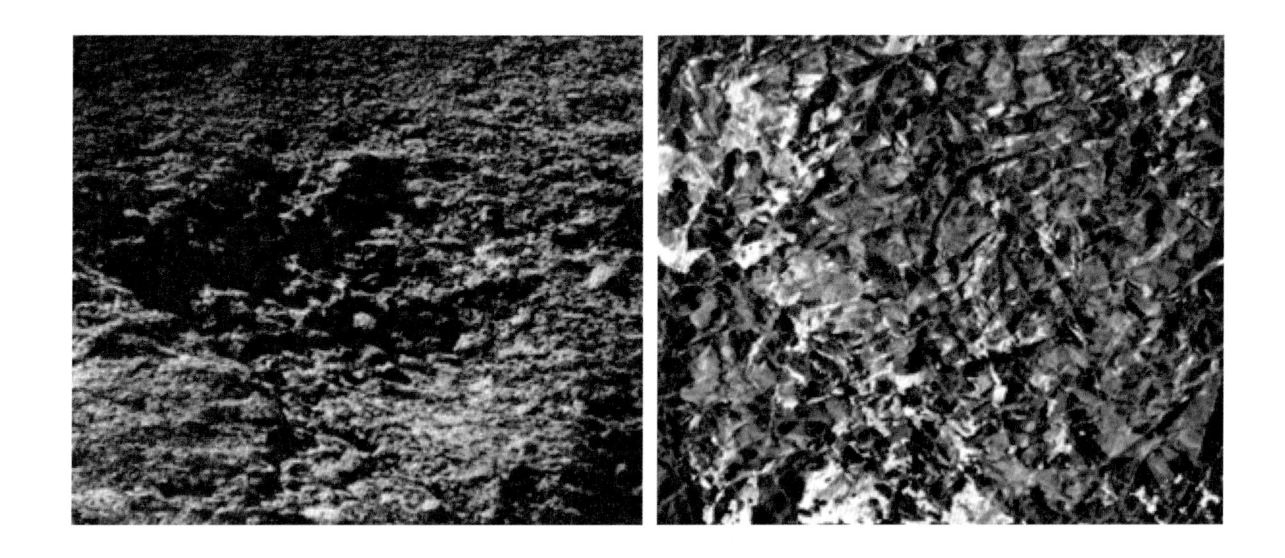

학생 작품 사례 1 | 김묘경

위의 작품은 거칠고 요철감이 있는 대지의 질감을 표현한 작품이다. 먼저 종이를 구겨서 거친 느낌의 질감을 표현했으며, 요철감이 살아나도록 컬러링을 하여 효과적으로 질감을 표현하고 있다.

학생 작품 사례 2 | 이상희

데님 소재의 표면을 긁어내는 표현 방법을 통해 흰 실을 노출시켜 구름을 표현하고 있다. 기법적인 시도와 질감 표현이 잘 어우러져 효과적으로 구름의 가볍고 부드러운 속성을 표현하고 있다.

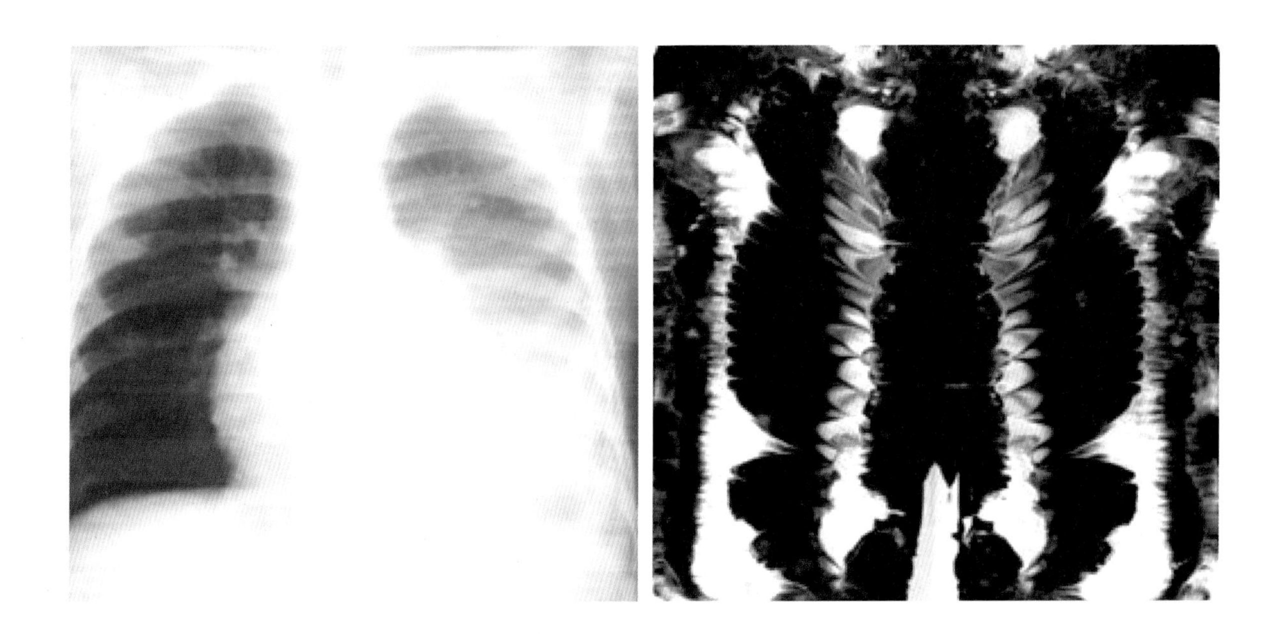

학생 작품 사례 3 | 김효진

위 학생은 뢴트겐 사진에서 힌트를 얻어 표현을 하였다. 질감 표현 자체에 중점을 두지는 않았지만 데칼코마니 기법을 활용함으로써 물감 자체로서의 독특한 질감 표현이 이루어지고 있다.

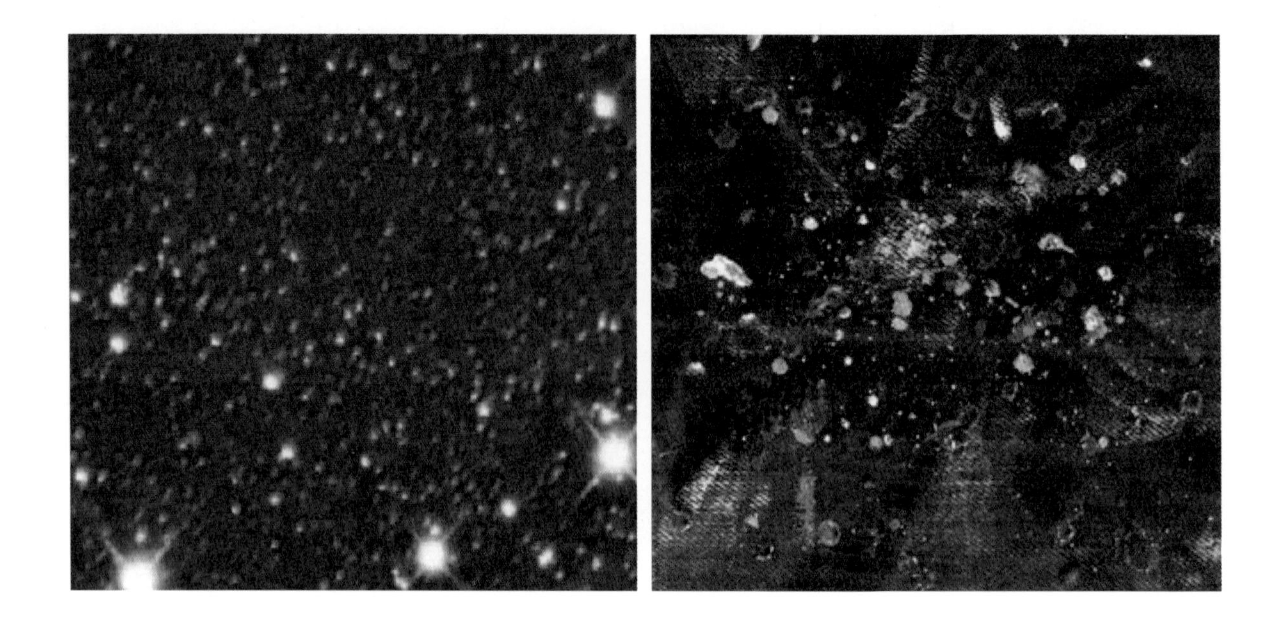

학생 작품 사례 4 | 배승휘

우주의 이미지를 표현하고자 했다. 데님 소재의 천에 양초, 크레파스를 녹여 떨어뜨려 본래 데님 소재가 가지고 있는 특성과 잘 어우러져 신비스러운 우주의 느낌이 잘 나타나고 있다.

학생 작품 사례 5 | 장홍인

벚꽃을 표현한 작품이다. 색 양초를 적절히 사용해 벚꽃이 화사하게 피어 있는 느낌을 잘 표현하고 있다. 촛농은 두께감이 있기 때문에 겹쳐서 흘려주면 원근감까지 함께 느낄 수 있다.

Formative Arts Design

part 2

다양한 기법을 활용한 발상과 표현

찢기 | 접기 | 자르기 | 접기와 자르기 | 쌓기

chapter 6

찢기

무언가를 찢는다는 것은 하나의 물체를 손으로 잡고 서로 반대 방향으로 힘을 가해 분리시키는 행위를 의미한다. 손으로 찢는 행위는 주로 얇은 물체에 행해지며, 그 중에서도 가장 즐겨 사용되는 재료는 종이다. 찢는다는 것은 그 순간의 힘에 의존하는 것이기 때문에 힘을 조절한다 해도 정교하게 계획된 대로 찢을 수 있는 것은 아니어서 우연적인 효과도 기대해 볼 수 있다.

종이는 쉽게 찢어지는 특성을 가지고 있다. 또한 종이는 일정한 결을 가지고 있으며 종류에 따라 독특한 질감을 가지고 있다. 이와 같은 종이의 특성을 잘 활용하면 종이의 질감, 두께에 따라 여러 가지 효과적인 표현을 연출할 수 있다. 찢어내는 방법에 특정하게 명명할 수 있는 양식화된 기법이 있는 것은 아니지만, 사례를 통해 찢기에서 얻을 수 있는 효과들을 알아보겠다.

찢기를 활용한 조형연습 1_ 아웃라인 만들기

찢어낸 부분에서 형성되는 흰 라인의 가장자리|edge|는 기존 종이의 색상과 선명하게 대비되면서 면의 외곽에 독특한 라인을 형성할 수 있는 수단이 된다. 이러한 효과를 이용하면 깊이가 거의 없는 평면에서도 공간감을 표현할 수 있다.

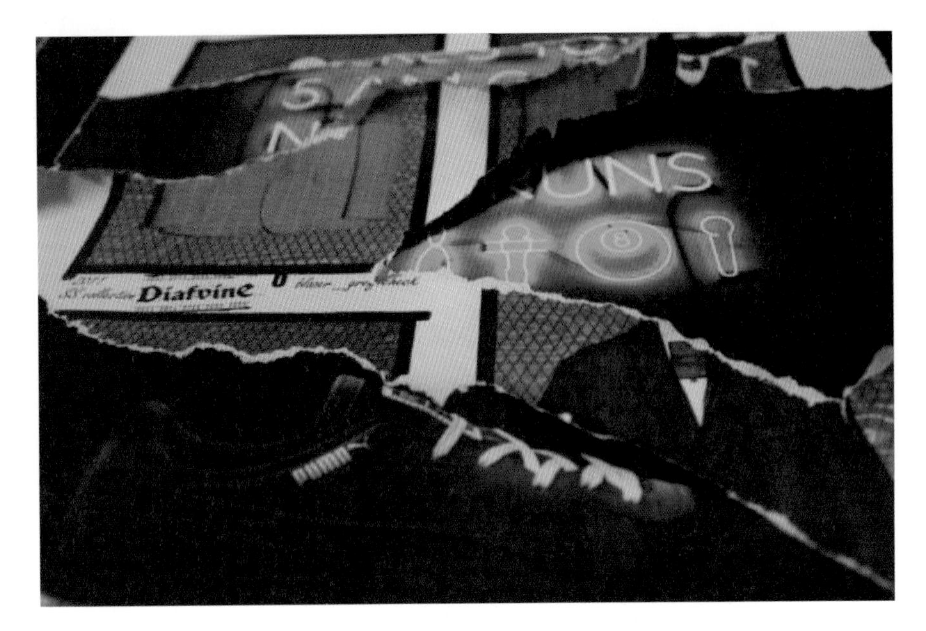

학생 작품 사례 1 | 남지문

종이를 찢어낸 외곽선에 흰 아웃라인이 생기면서 뒤쪽의 공간과 구분되어 공간감을 형성한다.

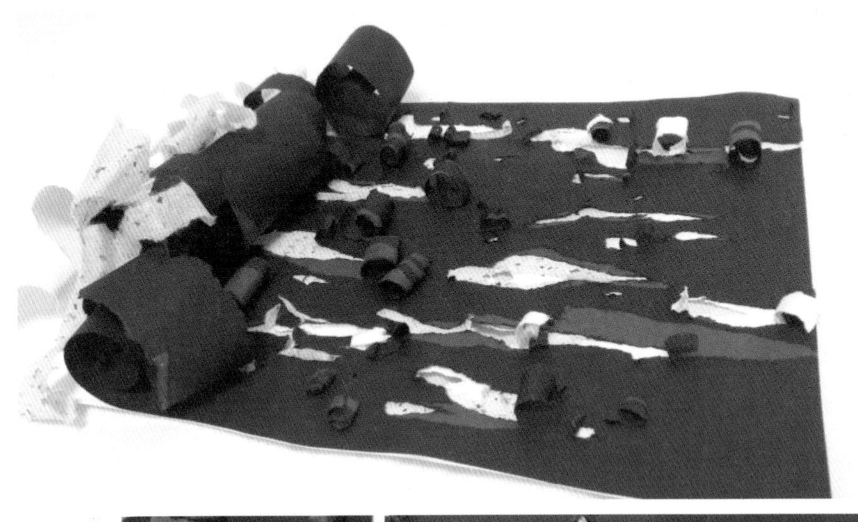

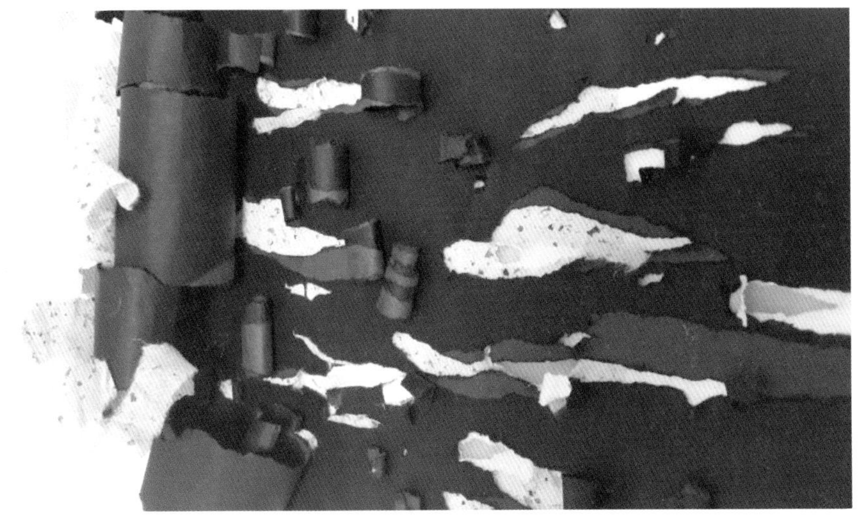

학생 작품 사례 2 | 이지원

검은 색지를 불규칙적으로 찢어냈다. 찢어낸 주변으로 거친 아웃라인이 형성되어 있다. 찢어낸 부분을 완전히 뜯어내지 않고 말아 찢어낸 주변 공간에 변화를 주었다. 또 뒷면에 한지를 대어 찢어진 검은 부분의 형태가 더욱 돋보이도록 했다.

형상이 있는 사진을 규칙적으로 사선으로 찢어내서 뒤쪽에 겹쳐 댄 검은 부분이 보이도록 했다. 사진의 찢겨져 나간 라인이 흰색으로 형성되고, 배경의 검은색 부분에 대비되어 강조되고 있다. 모델인 남성의 사진과 도트무늬, 뒷면의 타이포가 잘 조화되어 재미있게 표현되었다.

학생 작품 사례 3 | 박수경

찢기를 활용한 조형연습 2_ 찢기로 새로운 형태, 공간 만들기

종이를 찢는 방법이 종이의 특성과 어우러지면 자연스럽게 새로운 형태가 형성되기도 한다. 비교적 얇은 종이를 가로 혹은 세로로 직선으로 길게 찢어내면 종이가 말려 올라가면서 입체적인 공간이 연출될 수 있다. 한편 두꺼운 종이는 길게 찢어낸다 해도 두께로 인해 형태의 변형이 적으므로 짧게 찢어내는 것이 오히려 두께감이 있는 종이의 특성을 잘 반영하여 표현할 수 있다.

얇은 종이를 찢어내어 형태와 공간을 만든 사례와 두꺼운 종이를 찢어내어 표현한 경우를 각각 살펴보고 결과물이 가지는 특성을 알아보자.

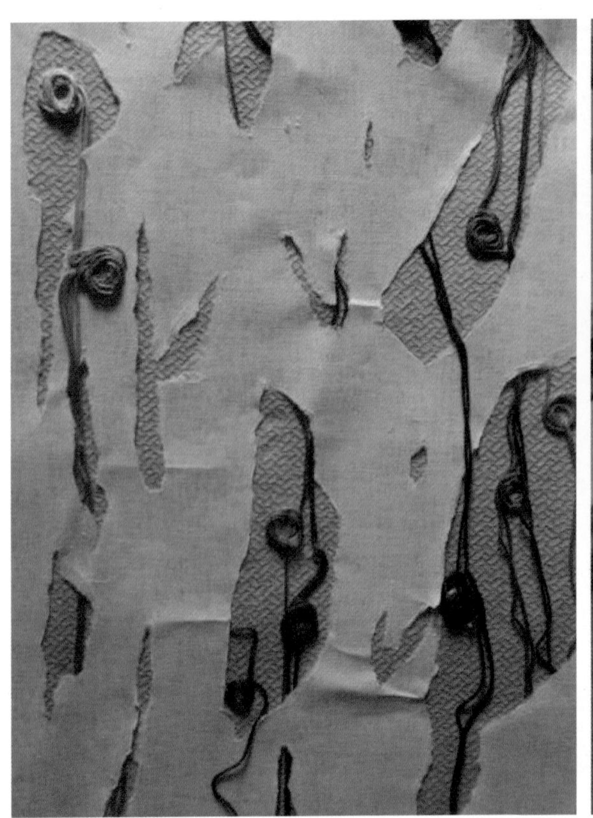
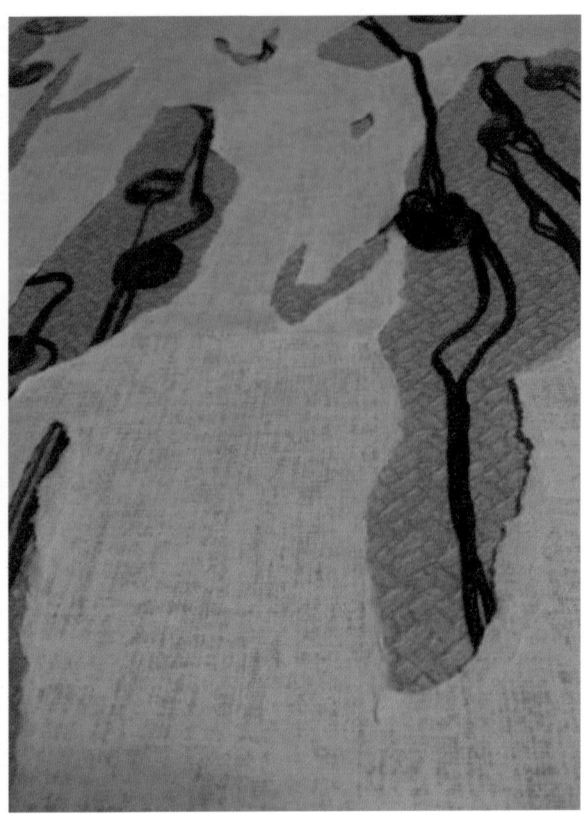

종이의 찢어진 공간과 뒤쪽에 덧댄 종이의 색채, 질감이 대조를 이루고 있다. 여러 가지 색실로 앞과 뒤의 공간을 넘나드는 표현을 하고 있어 질감, 공간, 찢어낸 형태 간에 흥미로운 관계가 형성되고 있다.

학생 작품 사례 1 | 전영규

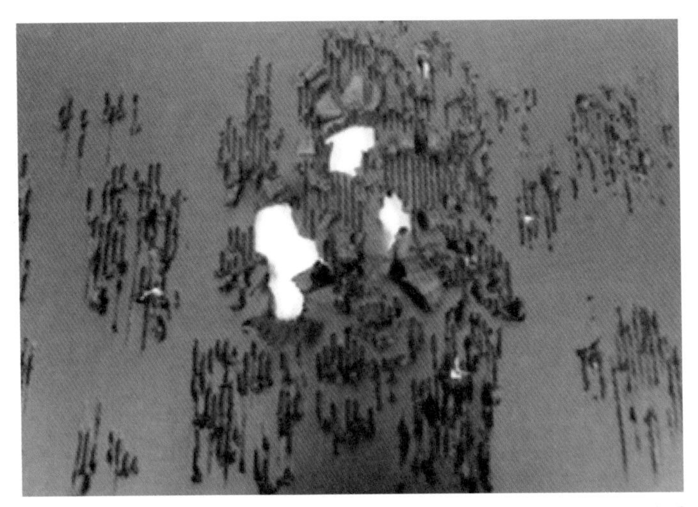

색이 있는 골판지의 표면을 찢어내고, 뚫어서 작업했다. 표면을 긁어내서 드러난 내부의 구조의 표현을 통해 마치 한 폭의 추상 회화를 보는 듯한 결과물을 보여준다.

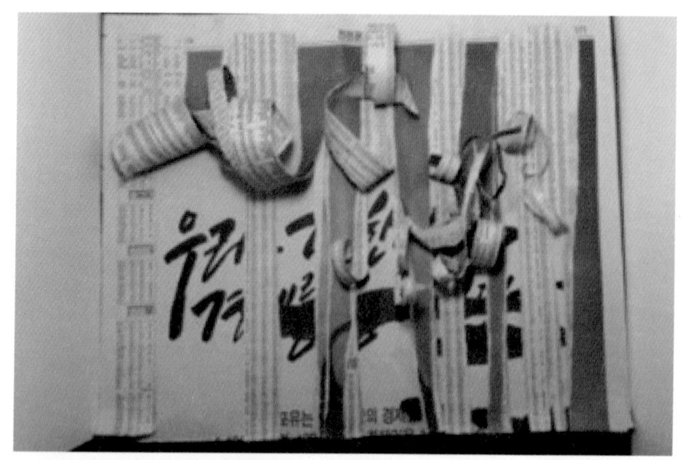

신문지를 세로로 길게 찢어낸 작업이다. 얇은 신문지의 특성으로 인해 찢겨 나간 부분이 말려 올라가 입체적인 형태와 공간이 형성되고 있다. 다양한 너비로 찢어 얇고 가는 동그란 형태, 좀 더 넓게 찢은 면은 그 면을 통해 보이는 뒷면 광고의 컬러, 사이사이로 보이는 큰 글자와 작은 글자의 대조 등이 대비되면서도 조화를 이루고 있어 다양한 요소의 변화 있는 표현을 주목할 만하다.

학생 작품 사례 4 | 김소영

쇼핑백의 뒷부분에 잡지 사진을 붙이고 쇼핑백을 찢어 뒤쪽의 공간이 보이도록 표현했다. 사람 얼굴이 보이는 부분을 의도적으로 찢어내어 마치 쇼핑백 안에 사람들이 숨어 쇼핑백 바깥을 내다보는 듯한 유머러스한 표현이 이루어졌다.

다양한 재질과 컬러의 종이를 겹겹이 쌓아준 뒤 층층이 찢어냈다. 찢어진 공간 사이로 보이는 종이의 층을 통해 평면적인 재료임에도 불구하고 입체적인 공간을 엿볼 수 있도록 잘 표현했다.

학생 작품 사례 6 | 김윤정

골판지를 찢어낸 부분 위에 한지를 붙여 표현하고 있다. 노출된 골판지의 구조, 찢어져 접힌 골판지의 표면, 종이의 조직이 잘 드러나는 한지가 조화를 이루고 있다.

토론·발표 과제

실·습·예·제 1

종이 이외에 '찢기'의 조형적 방법을 적용시킬 수 있는 소재를 찾아보자. 찾아온 소재들을 중심으로 표현 효과에 있어서 종이와의 차이점을 알아보자.

실·습·예·제 2

'찢기'를 활용한 종이의 질감과 어우러진다고 생각하는 소재를 선택하고, 2개의 서로 다른 소재를 조합하여 새로운 조형 표현을 시도해 보자.

chapter 7

접기

이 책을 읽는 대부분의 독자들은 어려서 종이비행기나 종이배를 한번쯤은 접어 보았을 것이다. 그만큼 접기는 우리에게 매우 친숙한 조형적 표현 방법이다. 종이는 접는 방법에 따라 다양한 형태를 창조해낼 수 있다. 접는 행위의 가장 큰 특징적 결과는 2차원적 평면의 상태에서 '접기'의 행위를 통해 3차원으로의 전개가 가능하다는 점을 들 수 있다. 즉 접기를 통해 평면에서 입체로의 구조물을 만들 수 있다는 점을 들 수 있다. 그림 1에서 볼 수 있듯이 평면을 한 번 접어주는 것만으로도 입체로서의 구조적 특성을 가지게 된다.

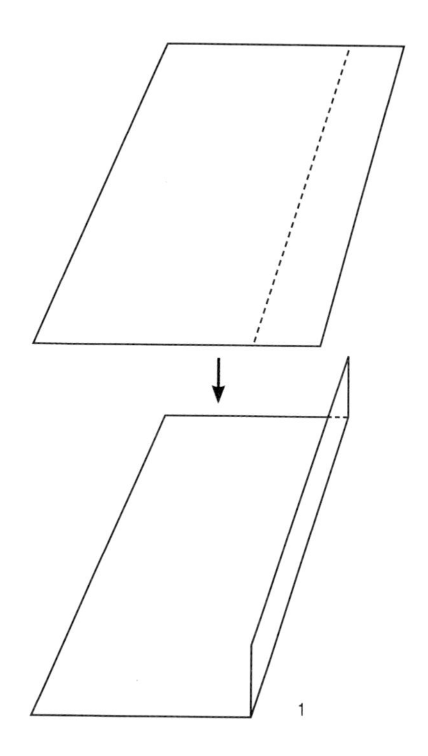

1

접기에 가장 손쉽게 사용할 수 있는 재료는 종이를 들 수 있다. 종이는 한번 접으면 다시 펴도 그 흔적이 남는다. 따라서 그 흔적을 이용하면 다양한 형태의 입체적 구조를 연출하는 것이 가능하다. 책 《조형 연습》|Franz Zeier 지음, 대우출판사|에 종이를 활용한 다양한 표현법이 집대성되어 있다.

★ 도면_ 이지윤(단국대학교)

접기를 활용한 조형연습 1_ 규칙적 접기를 통해 부조적인 입체적 형태 만들기

일정한 평면을 규칙을 가지고 접어 나가면 반복적인 모듈이 생성되고, 이 모듈을 접어주는 각도에 따라 다양한 형태를 구성하는 것이 가능해진다. 그림 2에서와 같이 먼저 정사각형의 종이를 반으로 접고, 이를 대각선으로 접는 것을 반복하면 대각선으로 가로지르는 접힌 자국이 있는 정사각형이 하나의 단위 모듈을 패턴으로 가지는 정사각형의 형태가 된다. 모듈의 어느 부분을 어떤 각도로 접느냐에 따라 다양한 형태의 연출이 가능하다.|사진-학생 작품 참고|

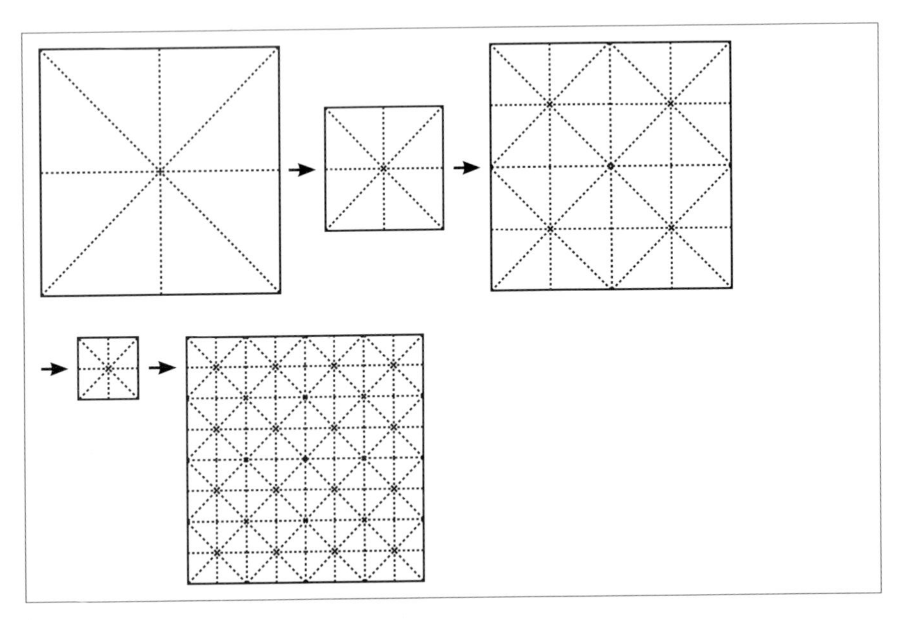

2

그러나 얇은 종이라 할지라도 반복해서 접는 과정에서 두께가 형성될 수 있으므로 될 수 있으면 아래와 같이 대각선의 지점에 자를 대고 접을 부분을 표시하고 반복하여 접어주는 과정을 계속하면 더욱 명확하게 면을 형성할 수 있다.|A와 B, C와 D, E와 F, G와 H를 연결하여 접어준다.| 사례 1은 이와 같이 반복해서 접은 흔적을 활용해 다양한 입체를 만든 것이다.

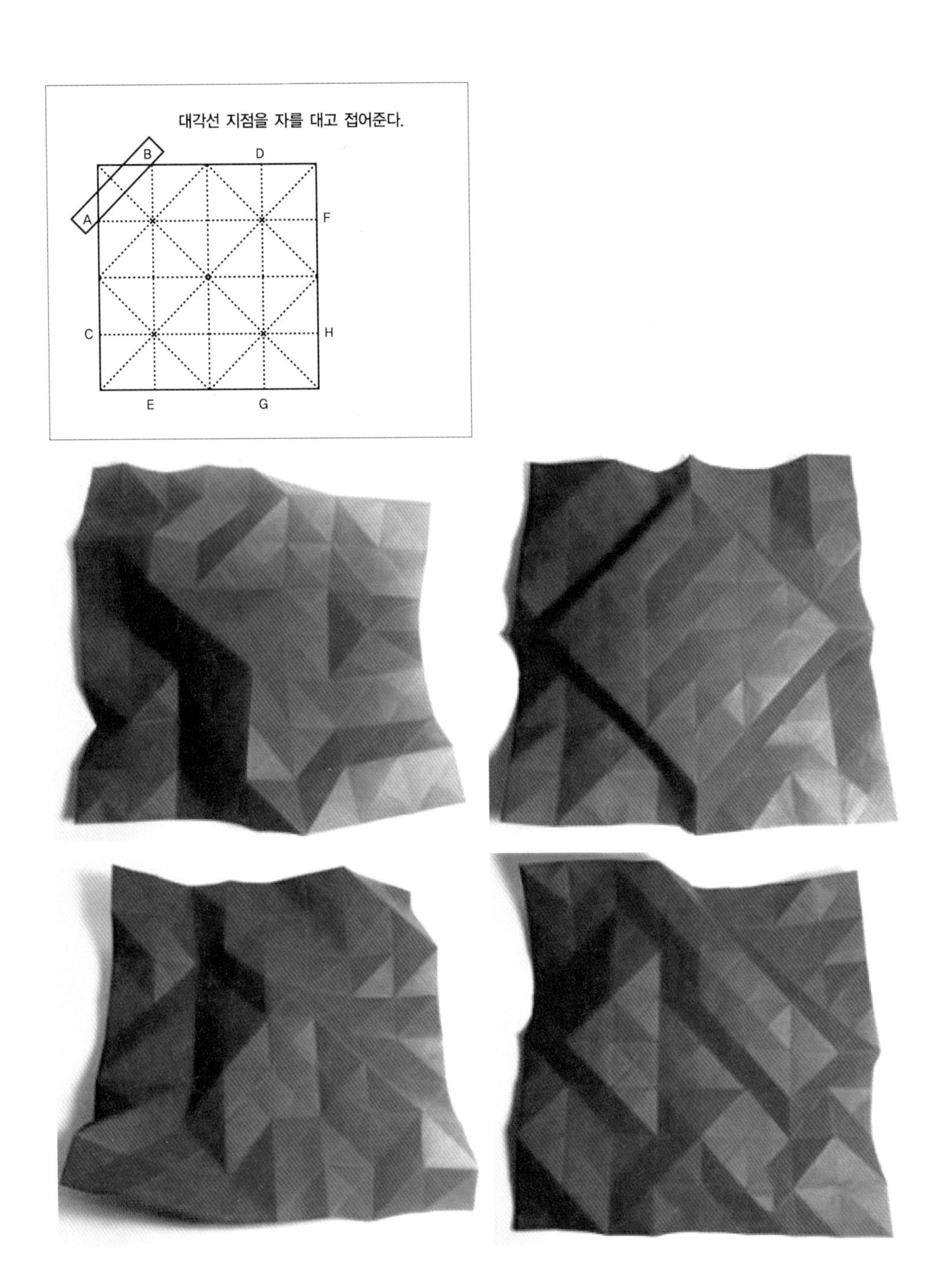

학생 작품 사례 1 | 김윤정

위에 예를 든 접기 방법을 활용해 정사각형을 반복하여 접어 주었다. 이와 같은 과정을 거쳐 형성된 단위 모듈의 접힌 면을 이용해 다양한 구조를 만들어내고 있다. 그러나 아직은 구조물이라기보다는 부조에 가까운 입체면을 만들어내고 있음을 알 수 있다.

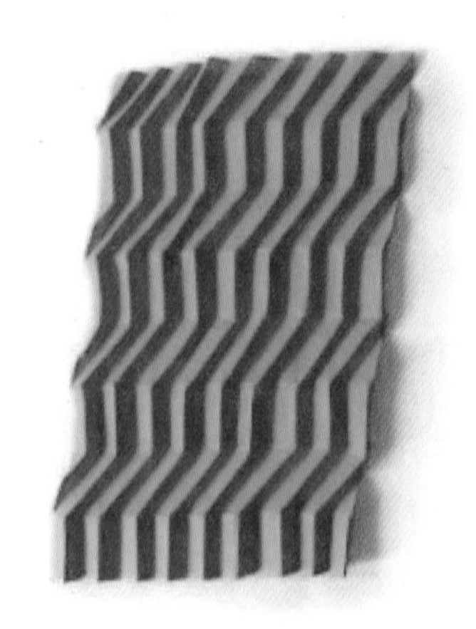

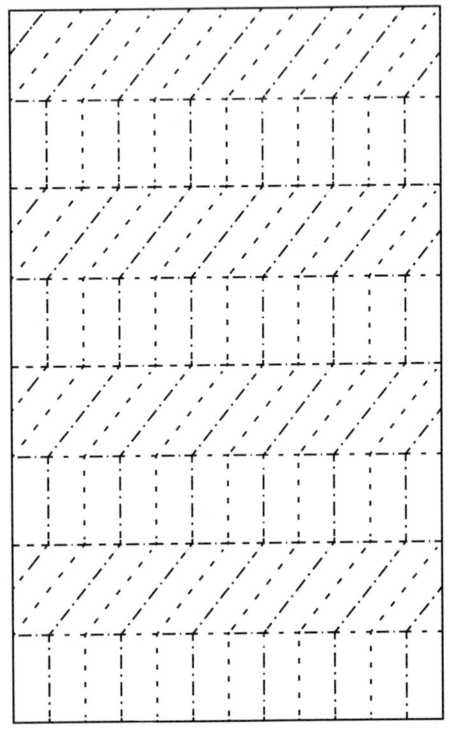

접는 방향과 각도를 조절하면 더 다양한 구조를 만들어 낼 수 있다. 그러나 사례 1의 작품과 마찬가지로 3차원적인 구조적 형태를 가지는 입체라기보다는 보는 관점에 따라서는 평면에 가까운 부조의 형태라고 볼 수 있다.

학생 작품 사례 2 | 성동훈

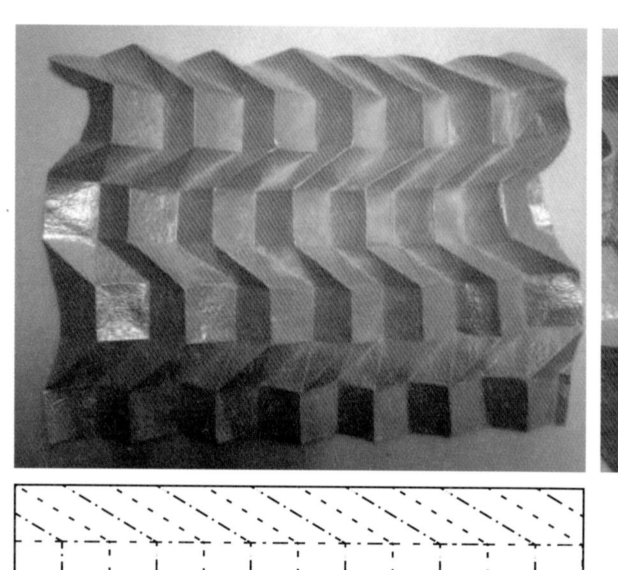

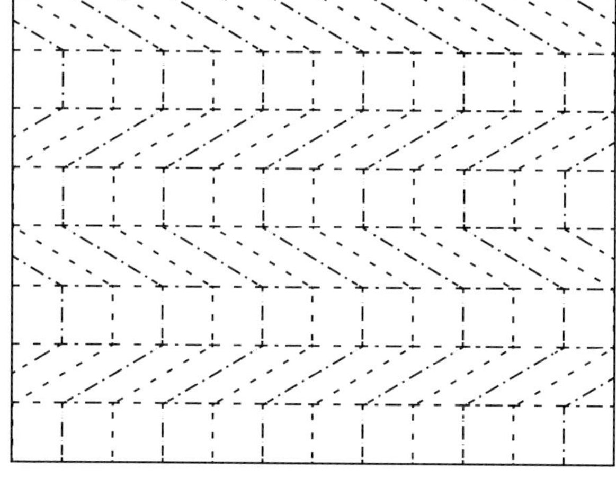

학생 작품 사례 3 | 임윤지

입체적인 사각뿔 형태가 반복될 수 있도록 접었다. 계단형으로 반복되는 형태에서 구조적인 미가 느껴진다.

접기를 활용한 조형연습 2_ 접기를 활용해 입체적 구조물과 공간 만들기

접는 방법에 따라서 종이를 사용하여 입체적인 구조물을 구축할 수도 있다. 형태에 대한 계획을 세워 접기를 활용해 입체적인 구조물을 만든 사례를 알아보자.

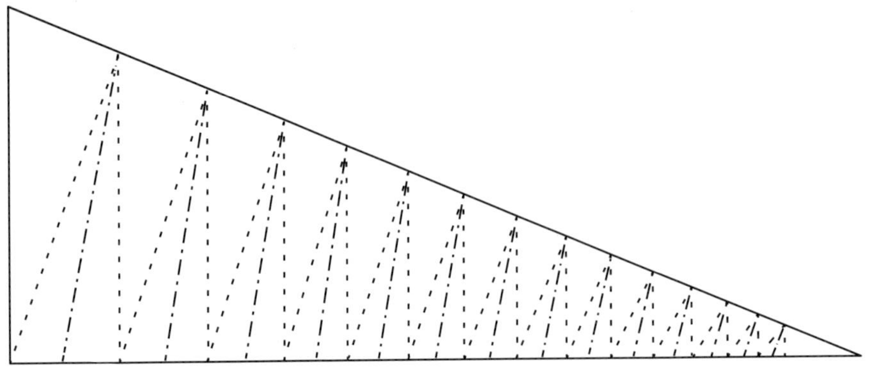

《조형 연습》의 99페이지에 소개된 접기 방법을 활용해 나선형의 형태를 만들어본 학생 작품이다. 나선형 형태를 만드는 기본 접기 방법으로 위의 전개도에 맞추어 접으면 삼각형의 형태를 나선형으로 만들 수 있다.

학생 작품 사례 4 | 임윤지

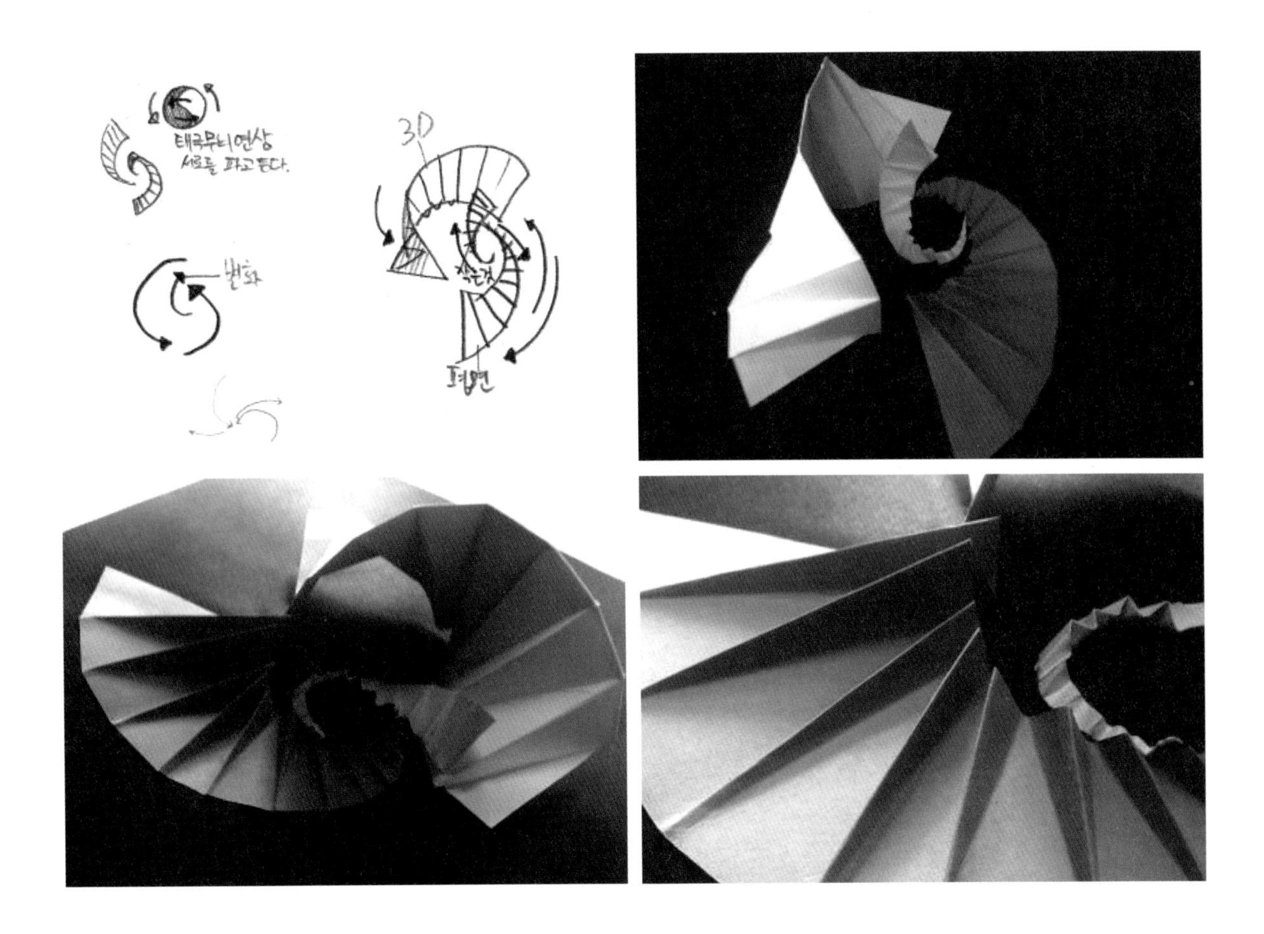

학생 작품 사례 5 | 성동훈

접는 각도, 기본 틀이 되는 삼각형의 사이즈를 다양하게 제작하여 결합시킴으로써 접힌 형태를 통해 나타나는 공간감, 3개의 나선형이 만나면서 형성되는 공간, 크고 작은 삼각형 간의 조화를 통해 변화 있는 입체적 공간을 구성하였다. 면을 세우거나 굽히는 각도만 달리 했을 뿐 접는 원리는 위의 사례 4와 같다.

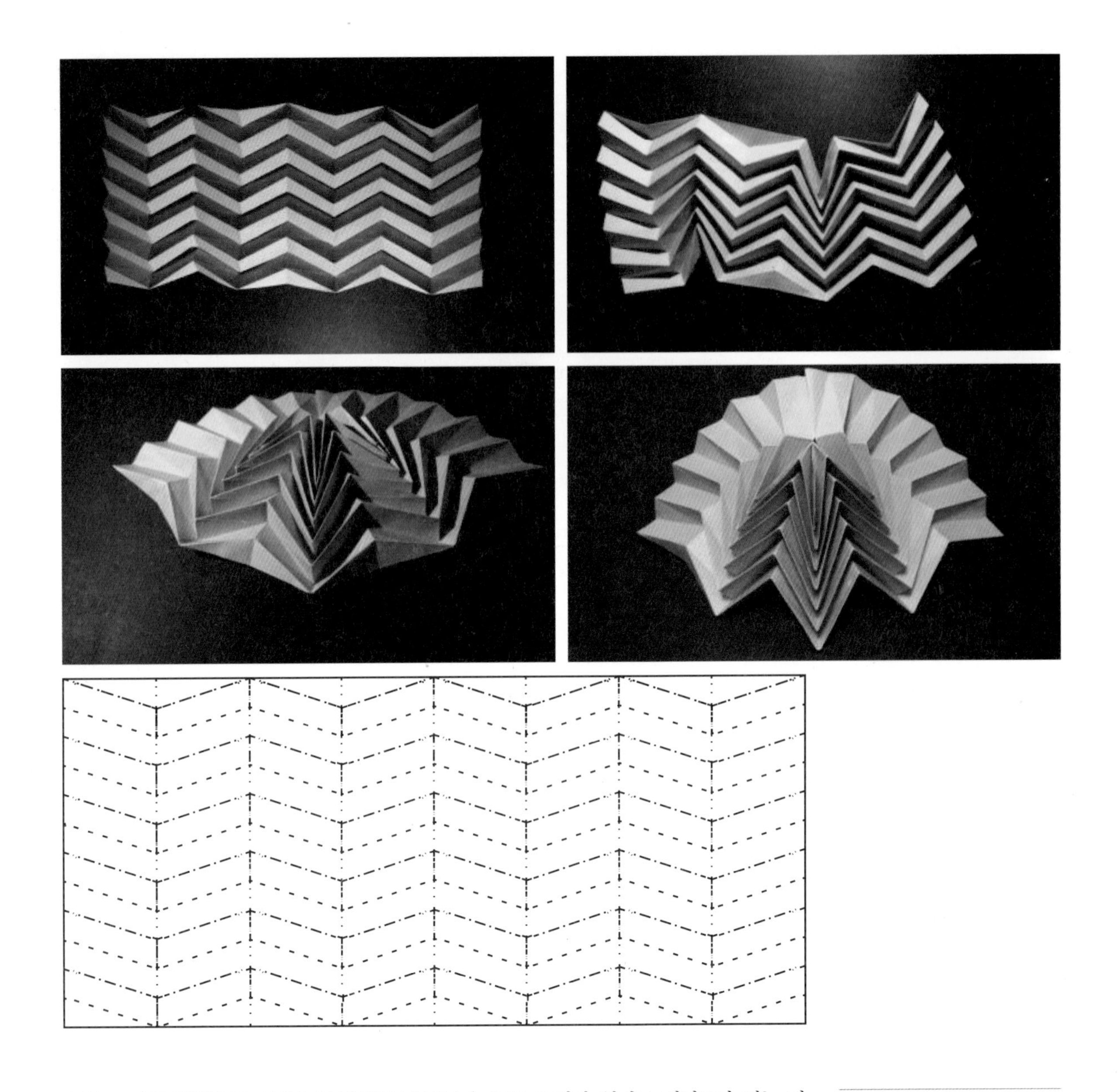

위의 도면의 방법으로 사선으로 반복하여 접었다. 모두 동일한 원리로 접었으나 꺾는 지점 및 각도를 달리하여 다양한 형태를 만들어냈다. 접는 방법은 같아도 최종 형태는 얼마든지 달라질 수 있다는 것을 보여 주는 좋은 사례이다.

학생 작품 사례 6 | 구민경

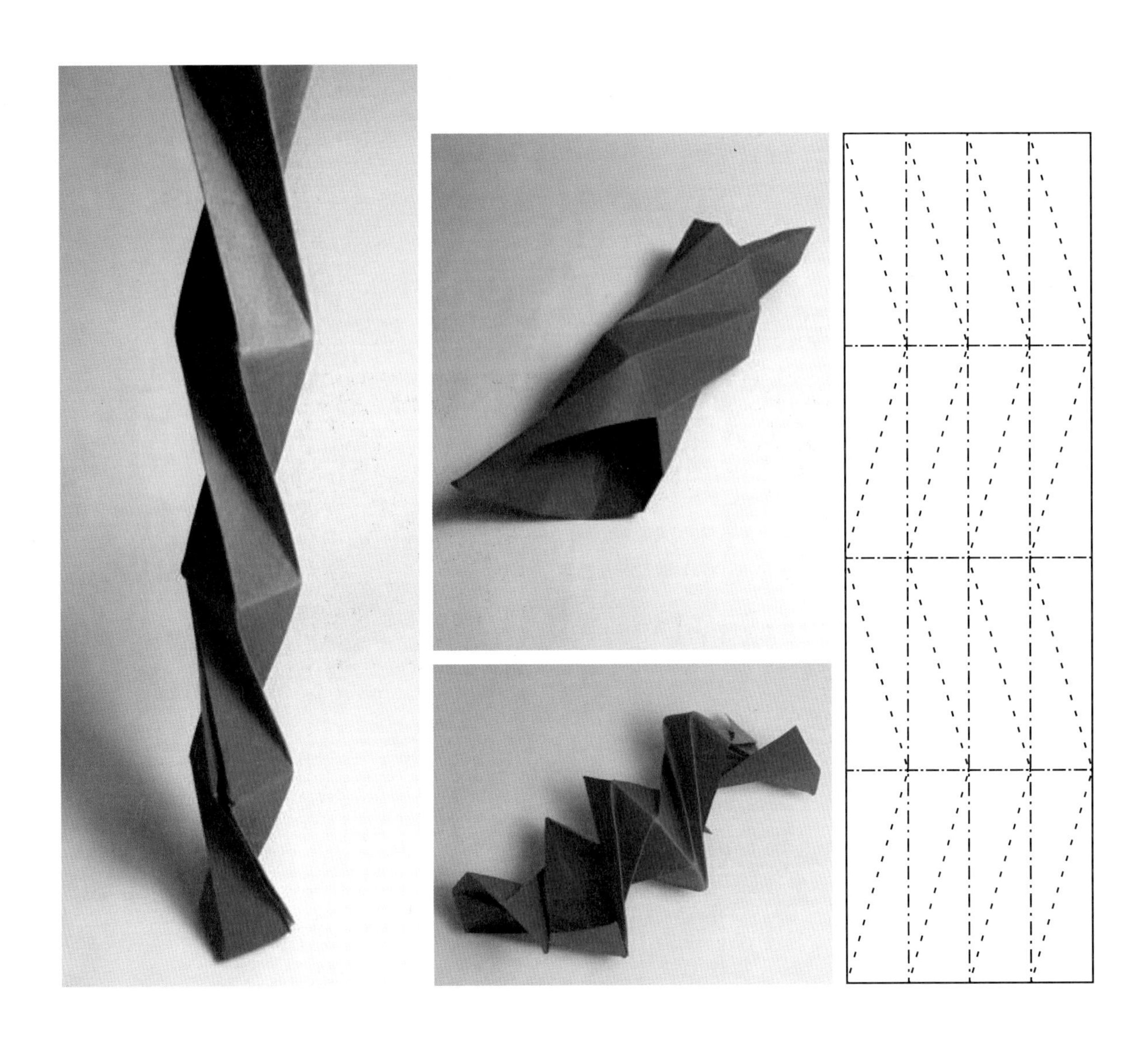

학생 작품 사례 7 | 김윤정

위의 도면에 나온 접기의 구조를 적용해 접어 세우기, 말기, 접어 비틀기 등을 적용하여 여러 가지 형태의 입체적 구조물을 만들었다. 동일한 원리를 적용하더라도 어떤 각도로 접고, 어느 지점끼리 서로 만나게 해주는가에 따라 다양한 형태의 구현이 가능하다는 것을 잘 보여 주는 사례이다.

접기를 활용한 조형연습 3_ 접기를 제작한 모듈을 반복하여 새로운 형태 만들기

하나의 단위가 되는 모듈을 접고, 이를 반복하면 무한하게 다양한 형태를 만들어 낼 수 있다. 같은 단위의 모듈을 가지고도 배열 방법에 따라서 전혀 다른 형태들을 연출해 낼 수 있기 때문이다. 아래의 작품 사례를 통해 단위 형태의 다양한 배치를 통한 형태의 연출 방법을 알아보자.

학생 작품 사례 8 | 박수빈

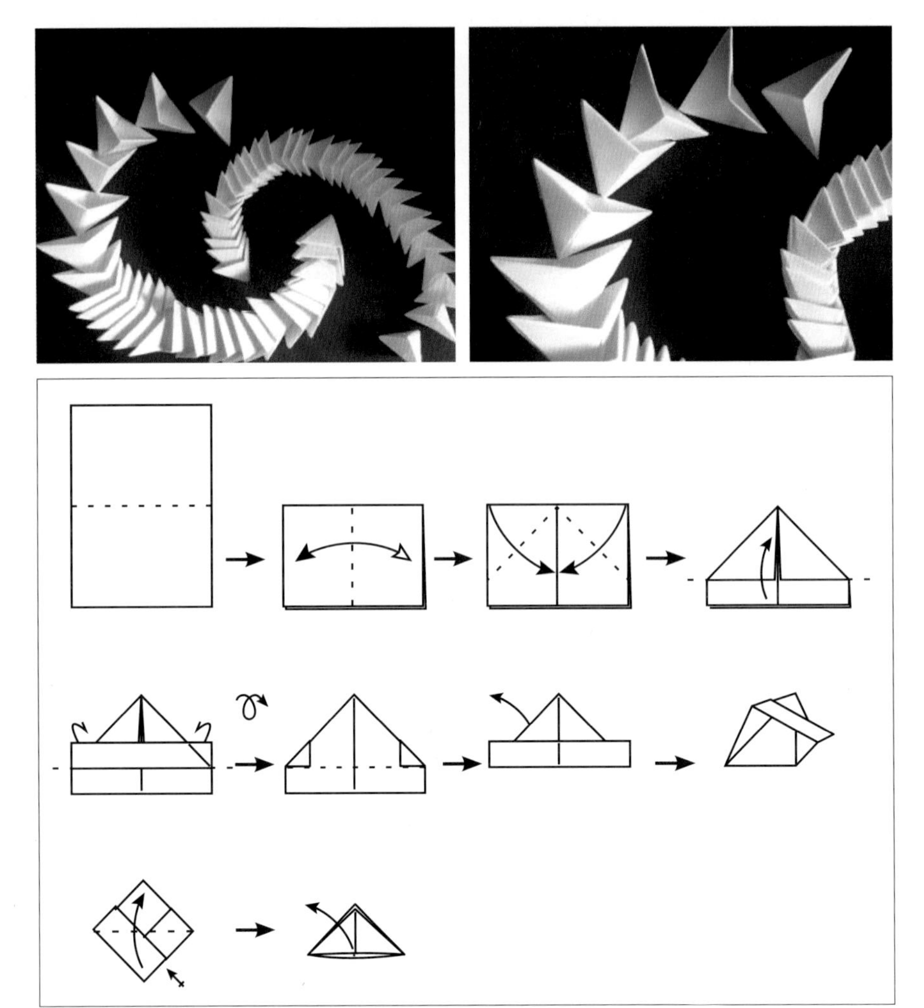

기본이 되는 삼각 고깔 형태를 접고 이를 반복하여 연결했다. 종이배를 접는 방법과 같은 방법으로 접고 벌려 주는 형태만 달리 해주면 된다. 삼각 고깔을 겹치는 깊이와 각도를 조금씩 달리하여 방향성과 율동감 있는 형태를 연출하고 있다.

학생 작품 사례 9 | 이세란

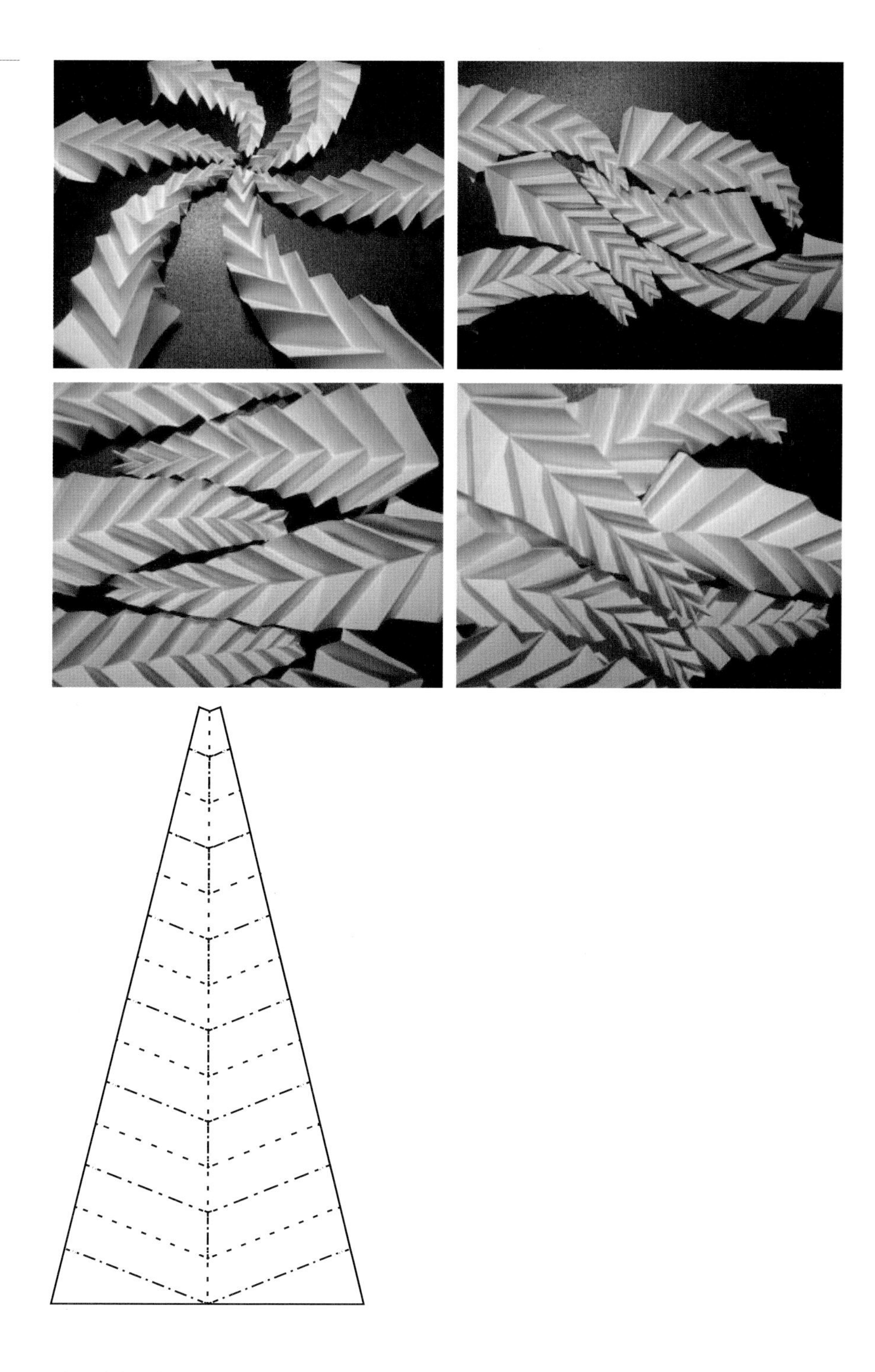

나뭇잎을 연상시키는 단위 형태를 접어서 만들고 각각 배열하는 방법을 달리해 다양한 형태를 연출하고 있다.

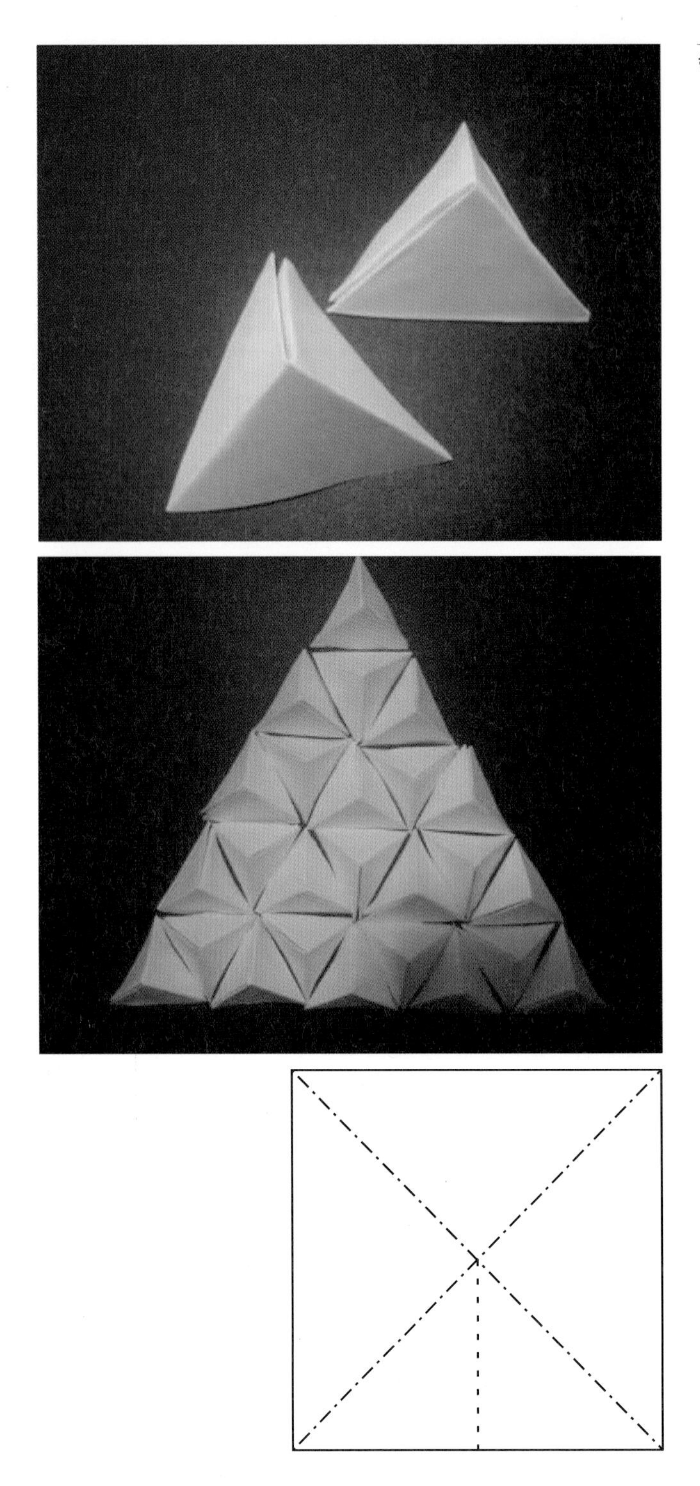

삼각뿔의 단위 형태를 만들어 이를 반복, 재조합해 다시 큰 삼각형을 만들어 내고 있다.

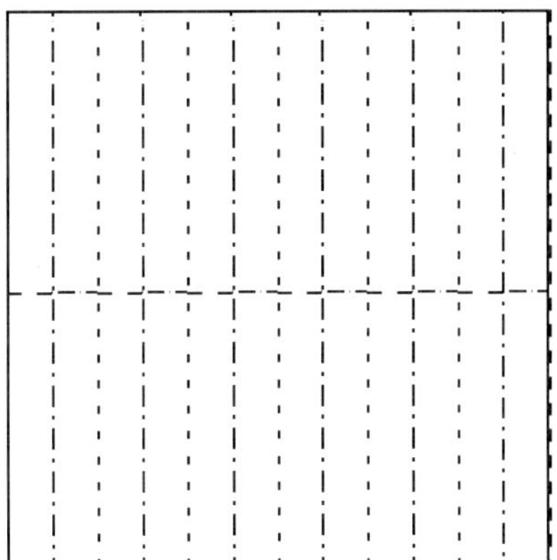

단순하고 쉬운 부채형 접기를 활용하되 3-4개를 조합하여 원의 형태가 하나의 단위가 되도록 했다. 크고 작은 원의 단위를 만들어 펼쳐서 수평적으로 배치하고, 쌓아올려 수직적으로 배치하기도 했다. 수직으로 쌓아올리는 과정에서도 원의 크기, 각도, 간격 등의 배치에 변화를 주면서 연출하고 있다.

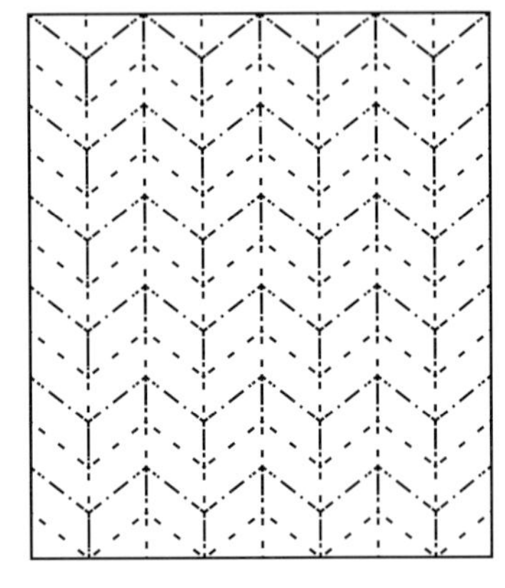

학생 작품 사례 12 | 임윤지

종이를 반복적으로 접어 추상적인 형태의 단위를 만들고, 학의 형태로 접은 종이에 3개의 기본 단위를 결합시켜서 학의 날개를 표현했다. 단위 형태 자체로는 구체적인 형상을 나타내지 않지만 다른 형태와 결합하여 구체적 형상으로서의 연상을 불러일으킬 수 있다.

토론·발표 과제

실·습·예·제 1

우리 주변에서 접기의 형태가 활용된 다양한 건축물의 사례를 조사하여 발표해 보자.

안도 다다오를 비롯한 모더니즘 건축가들의 건축은 마치 커다란 콘크리트 덩어리를 접어 놓은 듯한 건축의 형태를 연상시킨다. 다양한 건축물의 사례를 통해 건물에서 볼 수 있는 구조와 접힌 면의 관계를 살펴보도록 지도한다.

실·습·예·제 2

우리 일상생활에서 접기의 원리가 활용된 다양한 제품들을 조사하여 발표해 보자. 무엇을 목적으로 접기의 원리를 활용했는지 논의해 보자.

우리 주변에는 접이식 의자, 빨래 건조대와 같이 접는 원리가 활용된 제품들이 많이 있다. 이와 같은 제품을 찾아봄으로써 접기의 원리를 탐구해 보는 데 중점을 두도록 한다.

chapter 8

자르기

어떤 개체를 자른다는 것은 하나의 개체를 서로 다른 개체로 분리하여 나눈다는 것을 의미한다. 그러나 완전한 절단이 아닌 부분적으로 잘라내는 것은 개체 간의 새로운 관계를 만들어 낼 수 있는 조형적 방법이다.

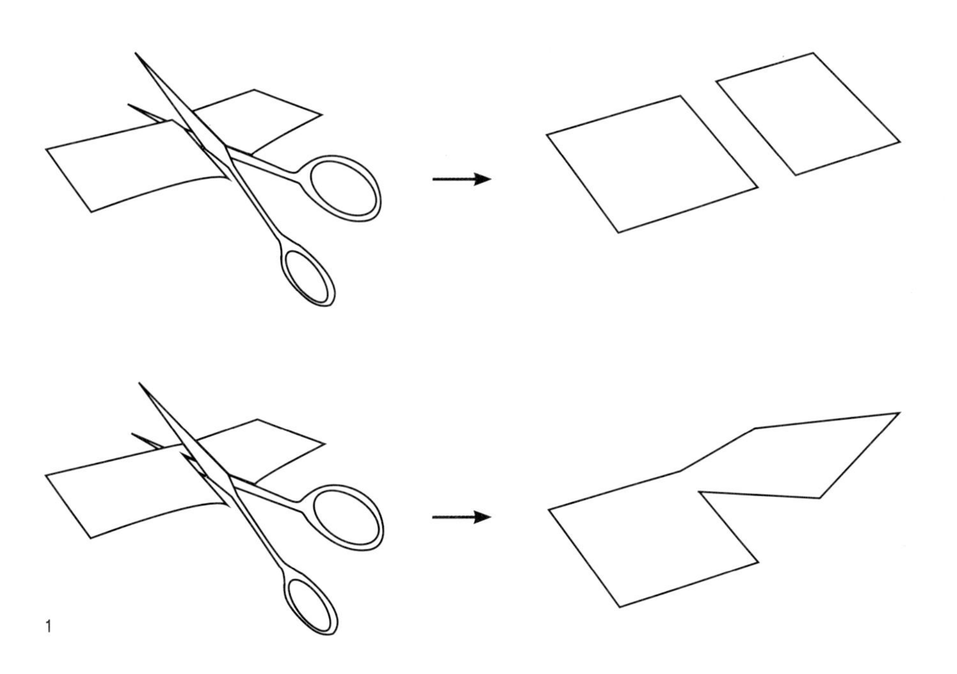

1

위에서 볼 수 있는 바와 같이 완전한 절단은 서로 분리된 두 개의 개체를 만들어 내지만 부분적인 절단은 하나의 개체에서 새로운 형태와 공간, 관계를 만들 수 있는 실마리가 된다. 그 중에서도 종이는 특별한 기술 없이 누구나 쉽게 자르고 변형이 가능한 특성이 있어 다양한 조형 실험을 해보기에 좋은 재료이다. 본 장에서는 종이 소재를 중심으로 자르기를 통해 얻을 수 있는 다양한 조형적 탐구에 대해 알아보도록 하겠다.

자르기를 활용한 조형연습 1_ 규칙을 가지는 입체적 패턴 만들기

일정한 규칙을 가지고 자르는 행위를 반복한 뒤 휘거나 접는 방법을 활용하면 리듬감 있는 입체적인 패턴을 만들 수 있다. 종이 평면에 일정한 규칙을 가지고 절개선을 넣어주면 이를 활용해 평면 위에서도 입체적 패턴을 형성할 수 있다. 다음의 사례를 통해 반복적 자르기를 활용한 표현 방법을 살펴보자.

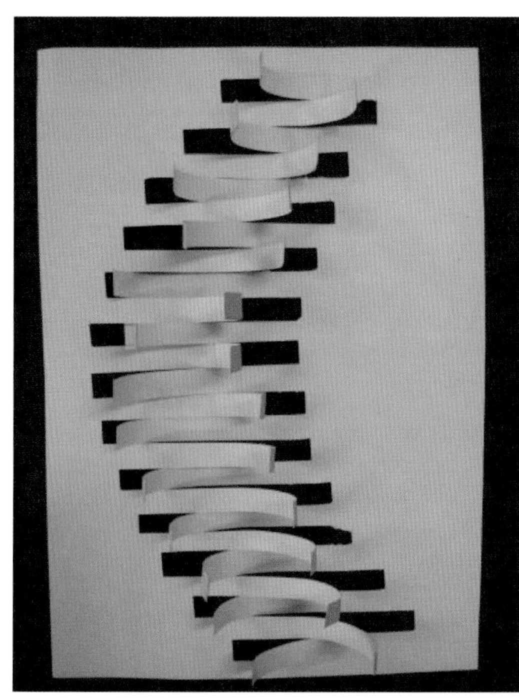

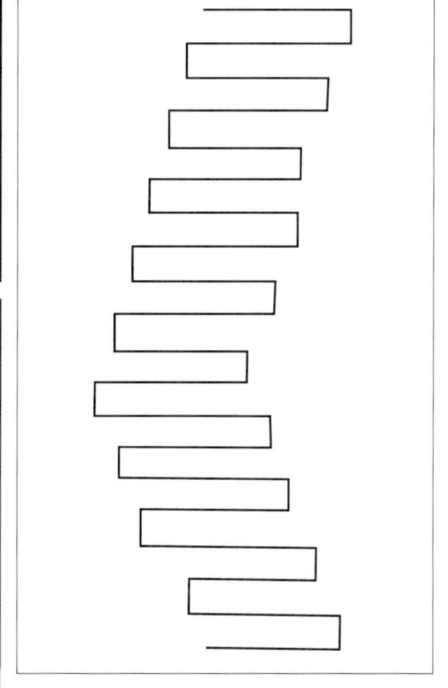

학생 작품 사례 1 | 김보람

우측 하단에 있는 모양과 같이 사각 형태를 지그재그로 잘라냈다. 자른 부분을 살짝 말아 올려 곡선적이면서도 리듬감 있는 입체적 패턴을 만들었다.

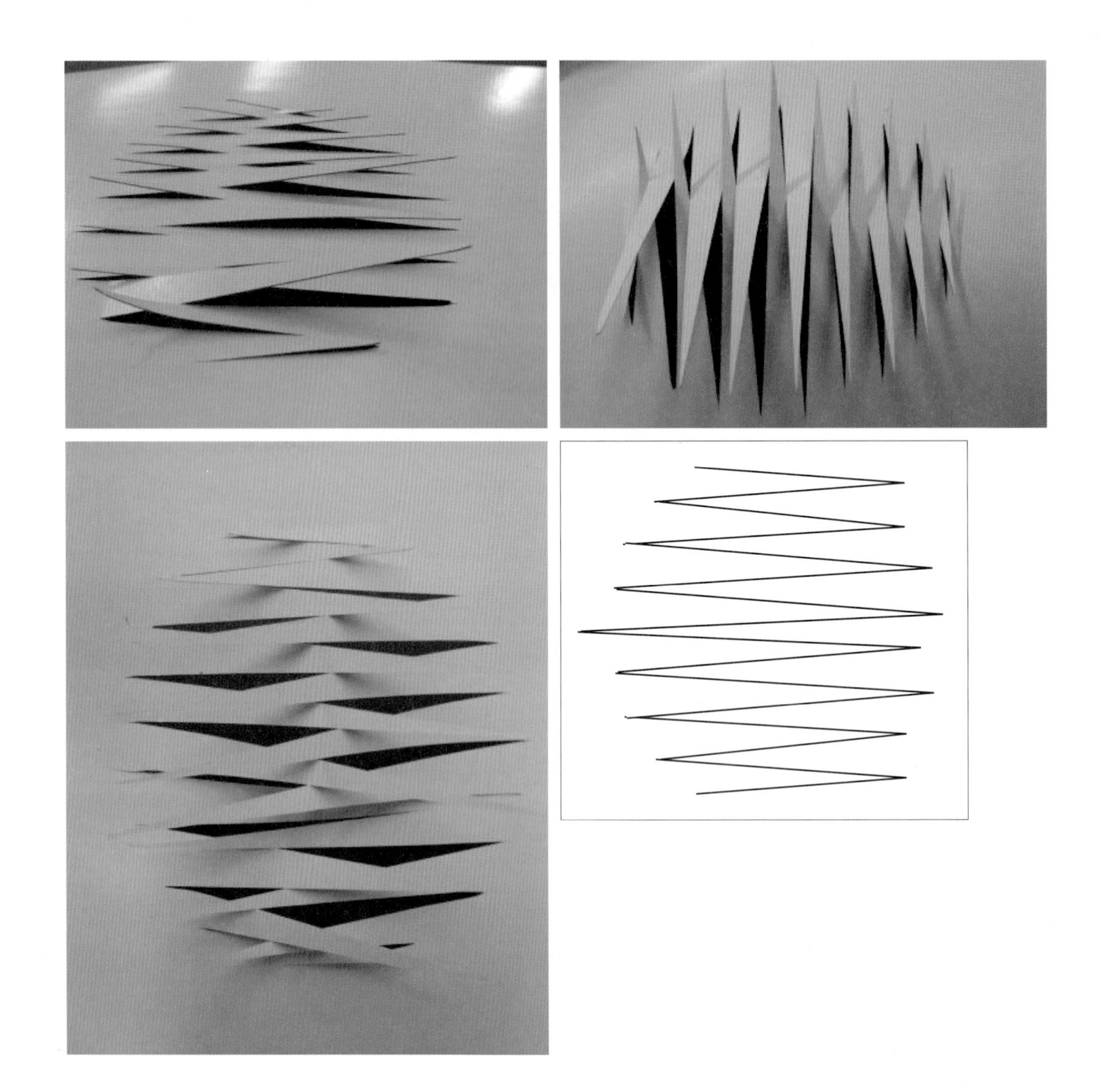

학생 작품 사례 2 | 김보람

오른쪽 하단에 있는 형태와 같이 지그재그의 삼각 형태로 잘라내 비스듬하게 각도를 주어 세웠다. 측면에서 보면 날카롭게 서 있는 삼각형 사이로 보이는 공간들의 형태가 흥미롭게 잘 표현되어 있다.

학생 작품 사례 3 | 김보람

오른쪽 하단의 기본 형태를 중심으로 사이즈를 점진적으로 확대, 뒤집기 등을 활용하여 입체적 패턴을 만들어냈다. 반원 형태의 패턴은 기본 패턴의 방향을 다양하게 변화시켜 적용해 패턴에 율동감을 더했으며, 사각 형태의 패턴은 1개씩 건너 뛰어 접어서 새로운 사각의 패턴이 형성되게 했다.

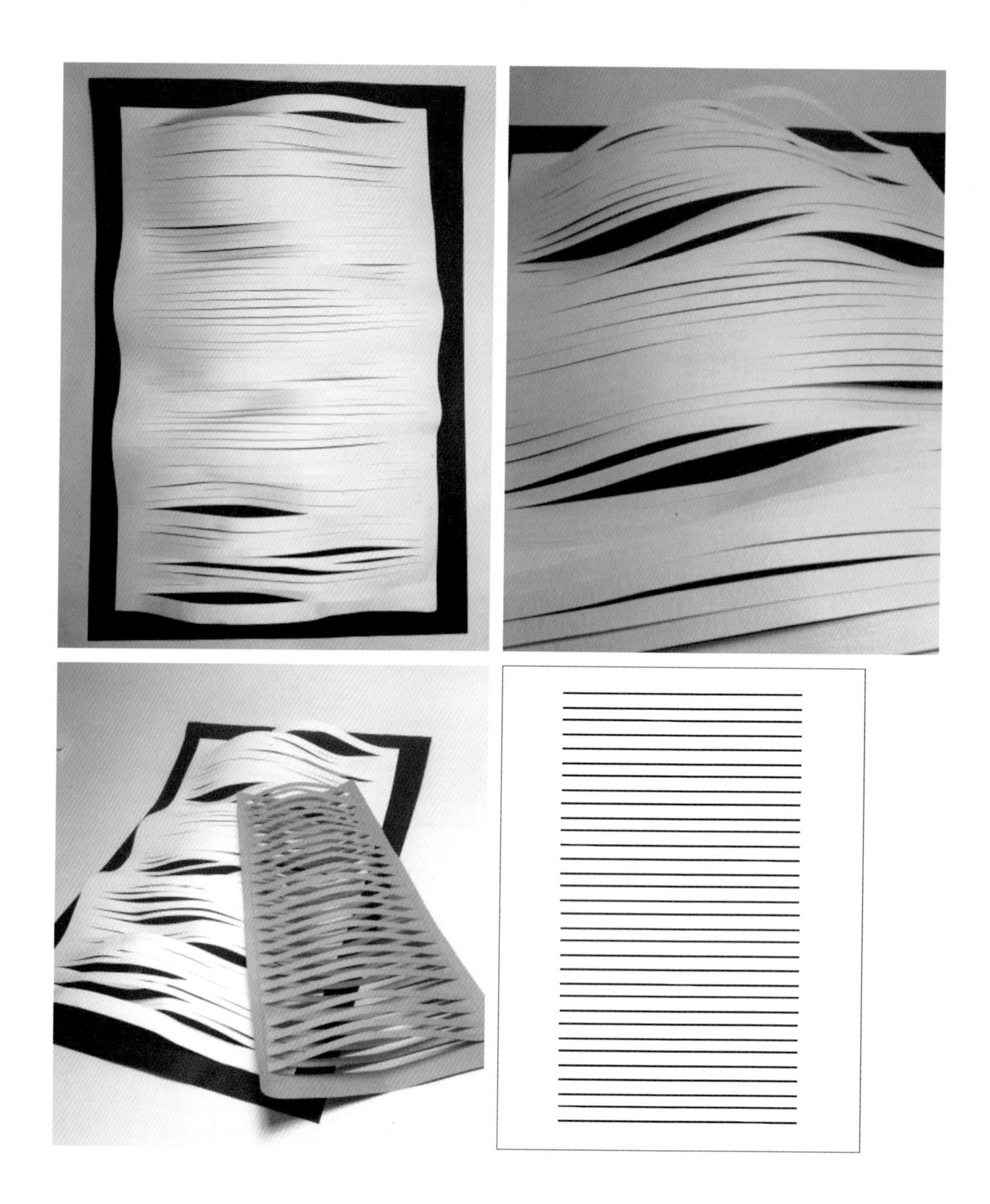

오른쪽 하단과 같이 종이를 직선으로 반복적으로 잘라준 다음 각기 다른 각도로 휘어서 리듬감 있는 공간을 표현했다. 흰색 종이는 다소 불규칙적으로 휘어 주고, 회색 종이는 규칙을 가지고 휘어 함께 놓아줌으로써 같은 자르기 방법으로도 다양한 스타일의 형태 연출이 가능함을 보여 주고 있다.

학생 작품 사례 4 | 김윤정

자르기를 활용한 조형 연습 2_ 자르기와 휘기, 말기, 꺾기 등을 복합적으로 활용해 입체적 형태 만들기

종이의 일부를 일정한 규칙을 가지고 자른 다음 휘거나 말기, 꺾기 등의 기법을 활용하면 입체적 형태를 새로이 만들어 낼 수 있다. 앞선 장에서 하나의 단면으로 이루어져 있는 종이는 주로 접기를 통해 새로운 형태를 구축해 나갔다. 이와 같은 경우 휘거나 말아주는 기법을 통해 새로운 형태를 만들기에는 제약이 있다. 그러나 절개선을 넣어 준 경우 훨씬 다양한 방향으로 종이를 휘거나 말아 줄 수 있으며, 이와 같은 기법의 활용을 통해 만들어지는 공간의 형태도 복합적이며 다양한 형태로 나타난다. 규칙적으로 절개선을 넣은 종이를 휘거나, 말고, 꺾는 방법을 활용해 만들어 낸 다양한 표현들을 살펴보자.

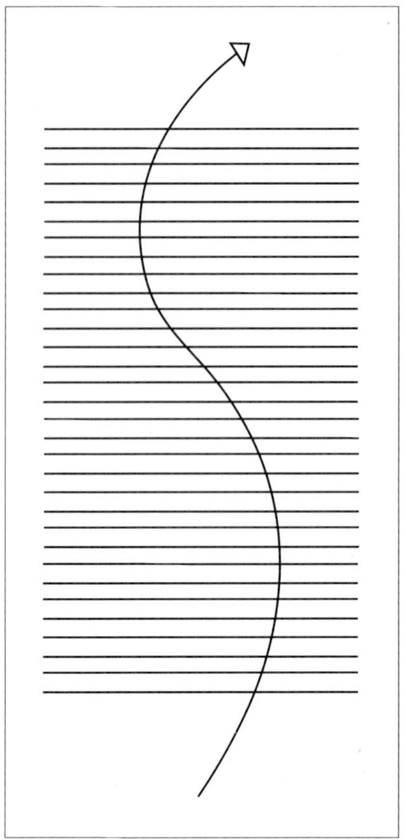

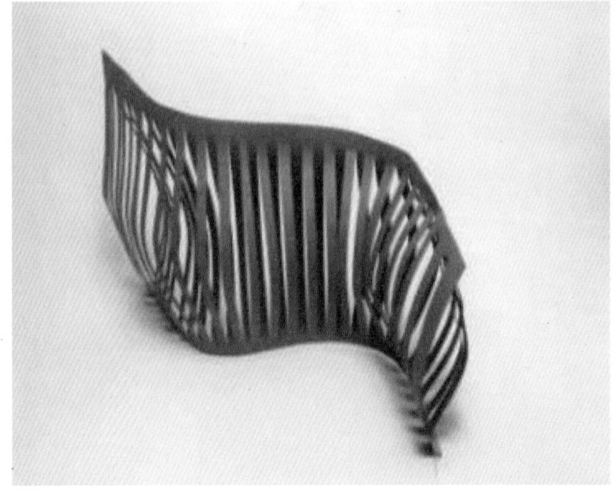

오른쪽과 같이 반복적으로 같은 길이로 잘른 뒤 하나씩 교차로 반대 방향으로 휘어 준다. 이를 다시 전체적으로 S자 모양으로 휘면 입체적 구조를 형성하면서 설 수 있게 된다. 단순한 원리를 응용하면서도 변화 있고 재미있는 형태를 만들어 냈다.

학생 작품 사례 1 | 김윤정

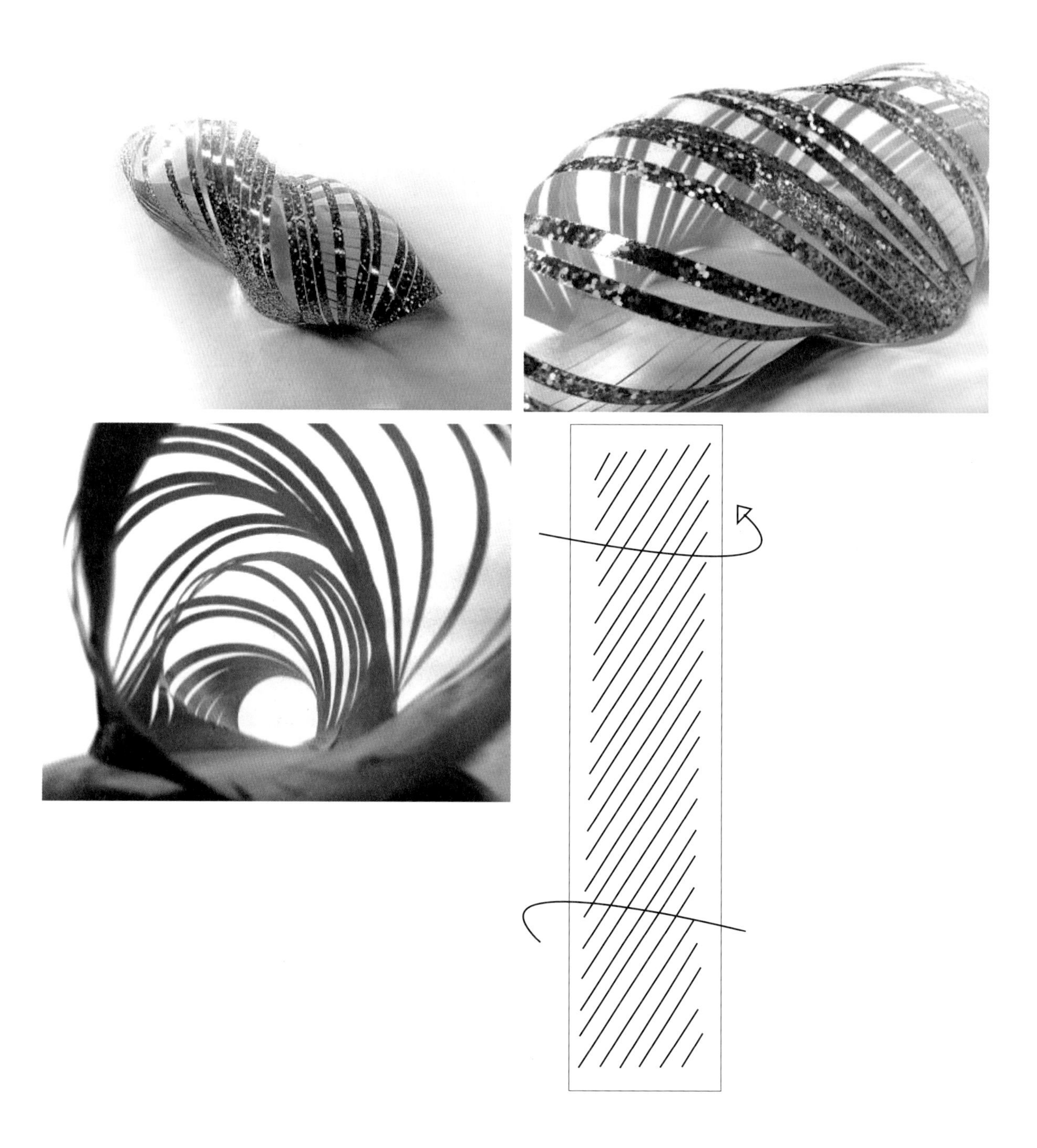

학생 작품 사례 2 | 성동훈

사선으로 절개선을 넣은 뒤 양쪽 끝을 서로 반대 방향으로 뒤틀어 말았다. 절개선을 넣지 않은 상태에서는 종이를 구김 없이 이와 같은 형태로 말기가 힘든 반면, 규칙적으로 넣은 절개선으로 인해 쉽게 휘어줄 수 있으며 이 과정에서 절개선이 벌어지면서 복합적인 공간이 만들어진다. 이 학생의 경우 안과 밖의 표면 재질이 달라 재질감의 차이가 함께 더해져 공간이 더욱 효과적으로 표현되고 있다.

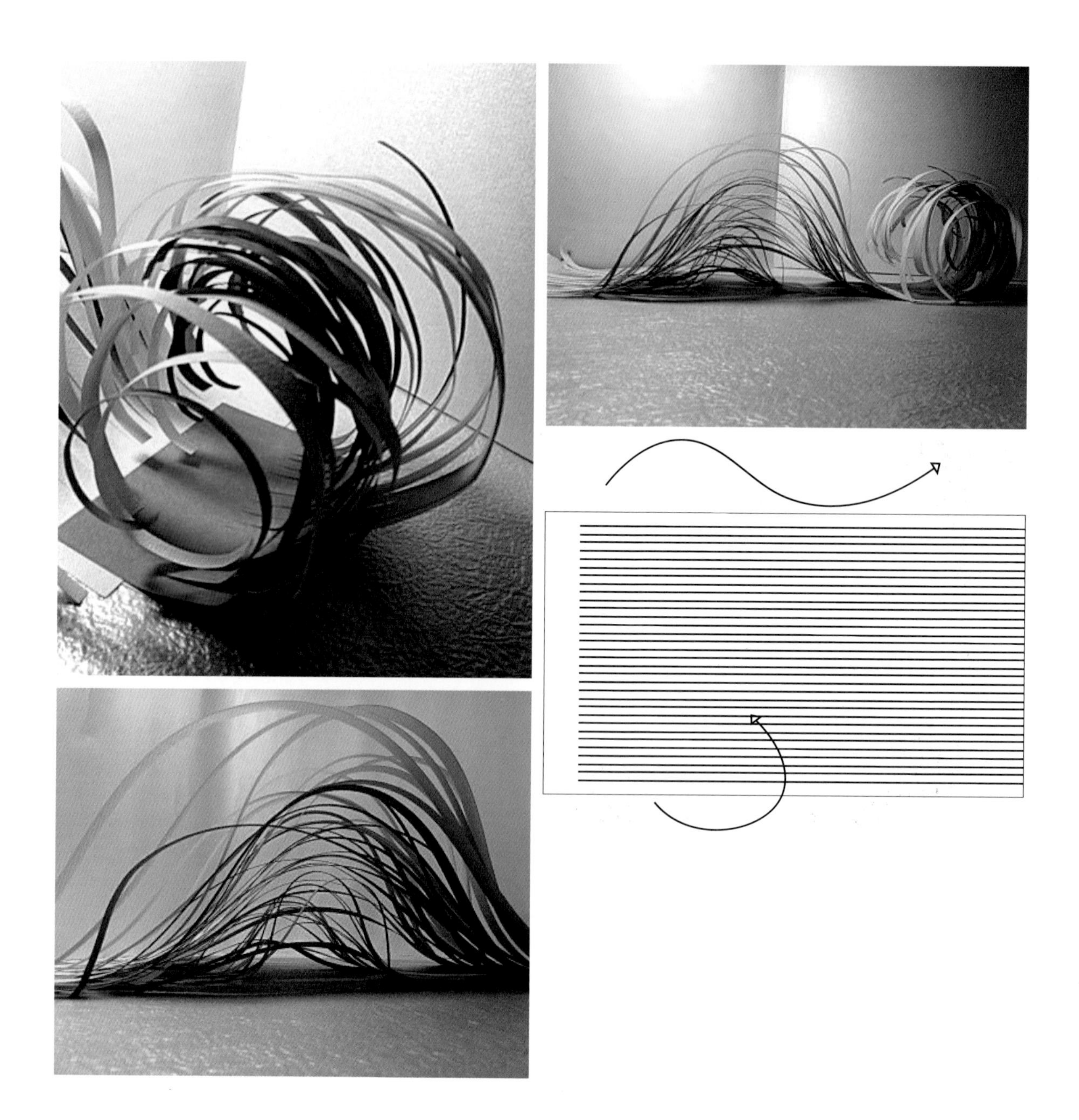

학생 작품 사례 3 | 장새롬

한쪽 면의 끝을 완전히 절개했기 때문에 단일한 면으로서 가지는 제약이 없어 훨씬 다이나믹한 표현이 이루어지고 있으며 선적인 특성이 두드러지고 있다. 하나의 원리를 다양한 길이, 사이즈, 색상의 종이에 적용해 잘른 뒤 동그랗게 말고 휘어 준 뒤 이를 조합하여 마치 넘실거리는 파도와 같은 형상을 표현하고 있다.

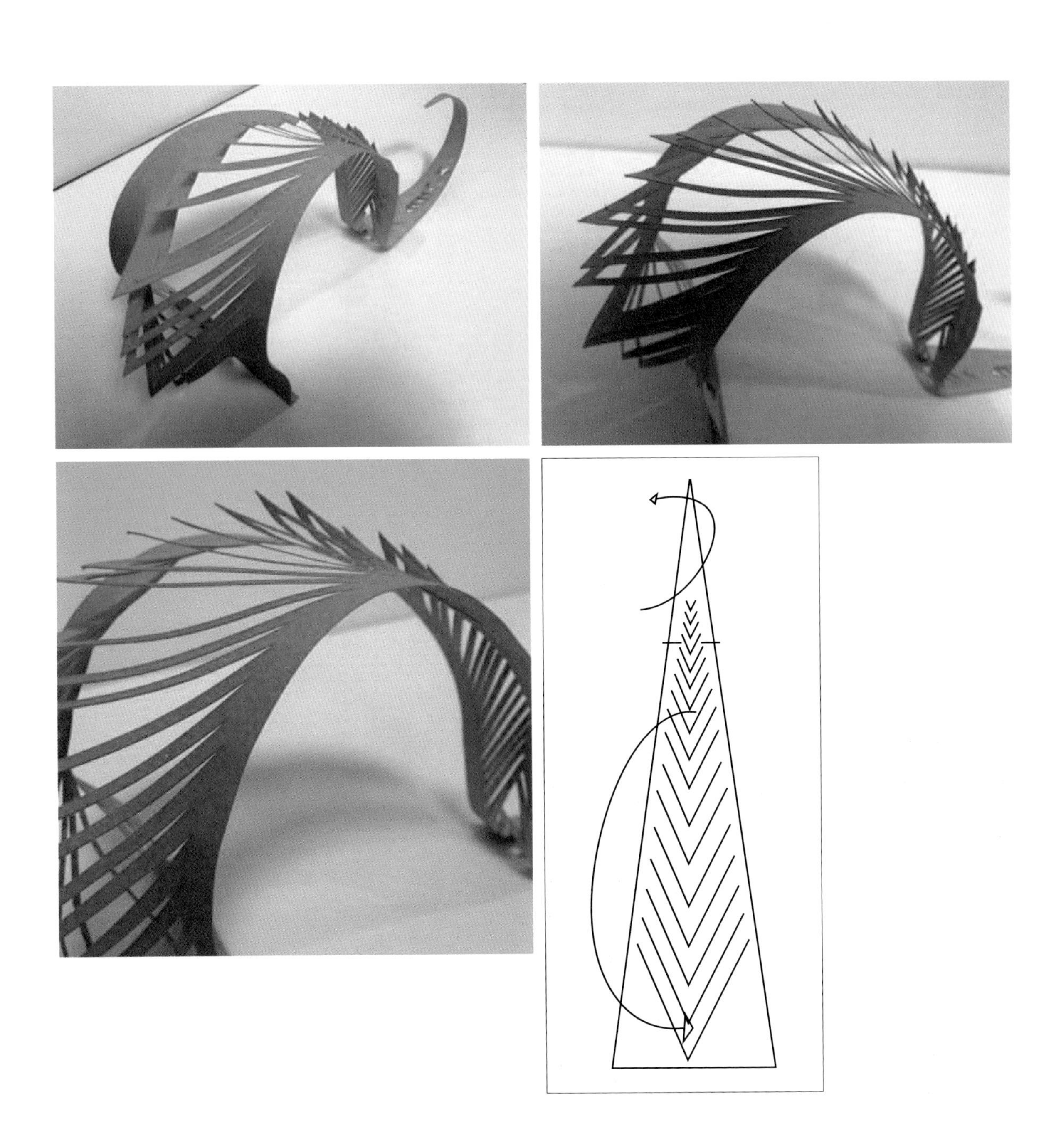

학생 작품 사례 4 | 임윤지

삼각형의 틀을 가진 형태에 반대 방향으로 삼각 절개선을 넣어 일부분을 접어서 꺾은 뒤 서로 반대 방향으로 휘어줬다. 휘어짐이 급격한 곳과 완만한 곳의 절개선이 벌어지는 각도가 각각 다르게 표현되는 점과 꺾인 부분에서의 전체적인 형태의 방향 변화 등의 요소가 어우러져 변화가 있으면서도 조화로운 표현이 이루어지고 있다.

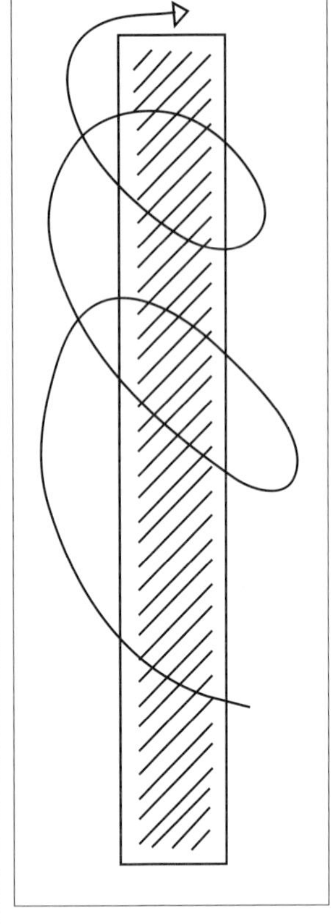

학생 작품 사례 5 | 임윤지

오른쪽의 도면과 같이 종이를 사선으로 규칙적으로 자른 뒤 동그랗게 말면서 휘어 주었다. 말아 주는 과정에서 사선으로 잘라 준 부분이 자연스럽게 벌어지면서 공간이 만들어진다. 나선형으로 말아 준 공간과 사이사이에 생긴 공간의 조화를 통해 역동감 있는 형태와 공간 구성이 이루어졌다.

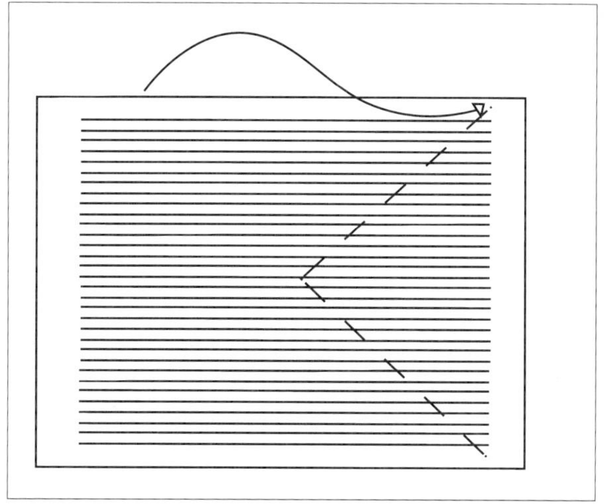

학생 작품 사례 6 | 신영선

단면의 내부에 일정한 간격으로 직선 절개선을 넣어 준 뒤 삼각 형태로 접어서 꺾어 주는 방법으로 표현했다. 꺾이는 지점을 삼각형으로 잡았기 때문에 휘어지는 부분의 길이가 각각 달라지므로 부드럽고 자연스럽게 휘어지는 형태를 표현하고자 할 때는 길이에 따라 적절하게 각도를 조절해 주는 것이 좋다. 부드러운 유선형 형태와 삼각형의 형태로 직선적으로 꺾인 부분의 대비를 통해 간결하면서도 인상적인 형태를 만들어 내고 있다.

chapter 9

접기와 자르기

지금까지는 추상적인 형태를 중심으로 다양한 조형적 시도를 해보았다. 본 장에서는 먼저 표현하고 싶은 구체적인 형태 계획을 세우고 자르고, 접는 과정을 통해 계획된 형태를 평면에서 입체화하는 과정을 중심으로 학습해보도록 한다.

형태를 만드는 원리는 아래 그림과 같다. 구현해야 할 형태를 중심으로 절개선과 접는 부분에 대한 계획을 세우고 접어 절단한 부분이 기존의 평면에서 완전히 이탈되지 않으면서 입체적으로 돌출될 수 있도록 한다. 본 장에서는 팝업의 가장 기본적인 원리를 몇 가지만 소개하고 사례들을 살펴보겠다.

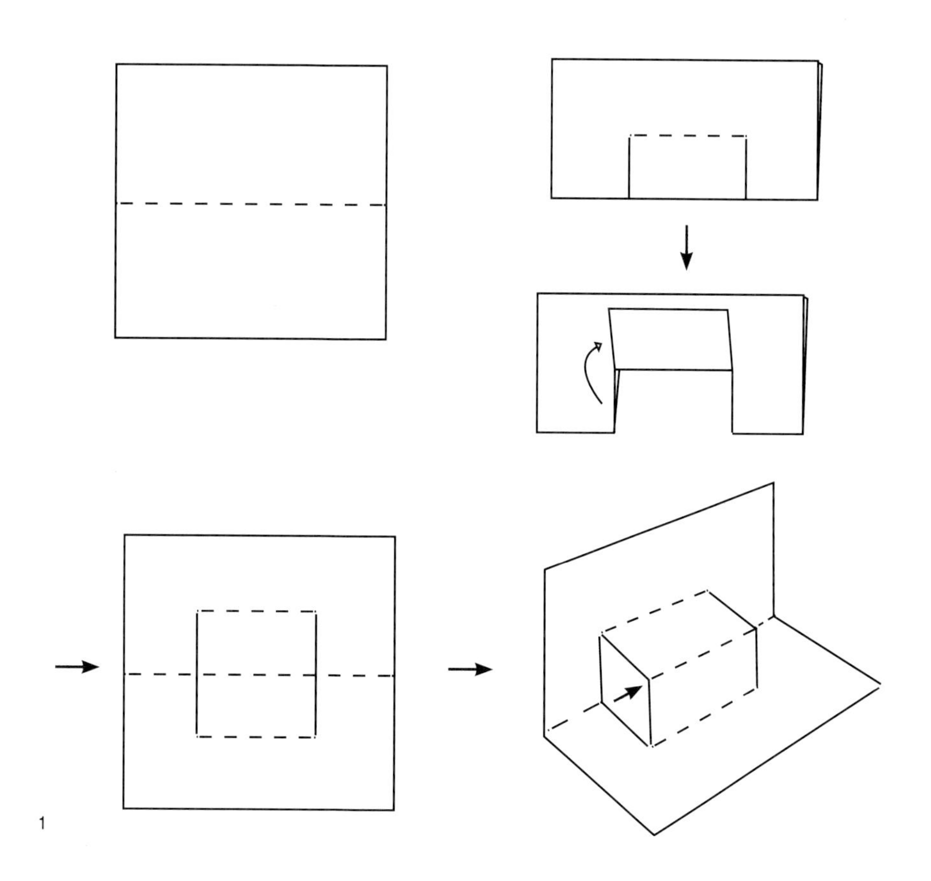

1

예시 1 | 형태를 돌출되게 하는 기본적인 원리는 돌출되게 만들고 싶은 형태의 양쪽 옆부분을 절개해 준 접어서 세우는 것이다. 중간 지점을 중심으로 어디에 절개선을 넣고 어디에 접는 선을 넣는가에 따라 형태가 변화한다.

★ 도면_ 이지윤(단국대학교)

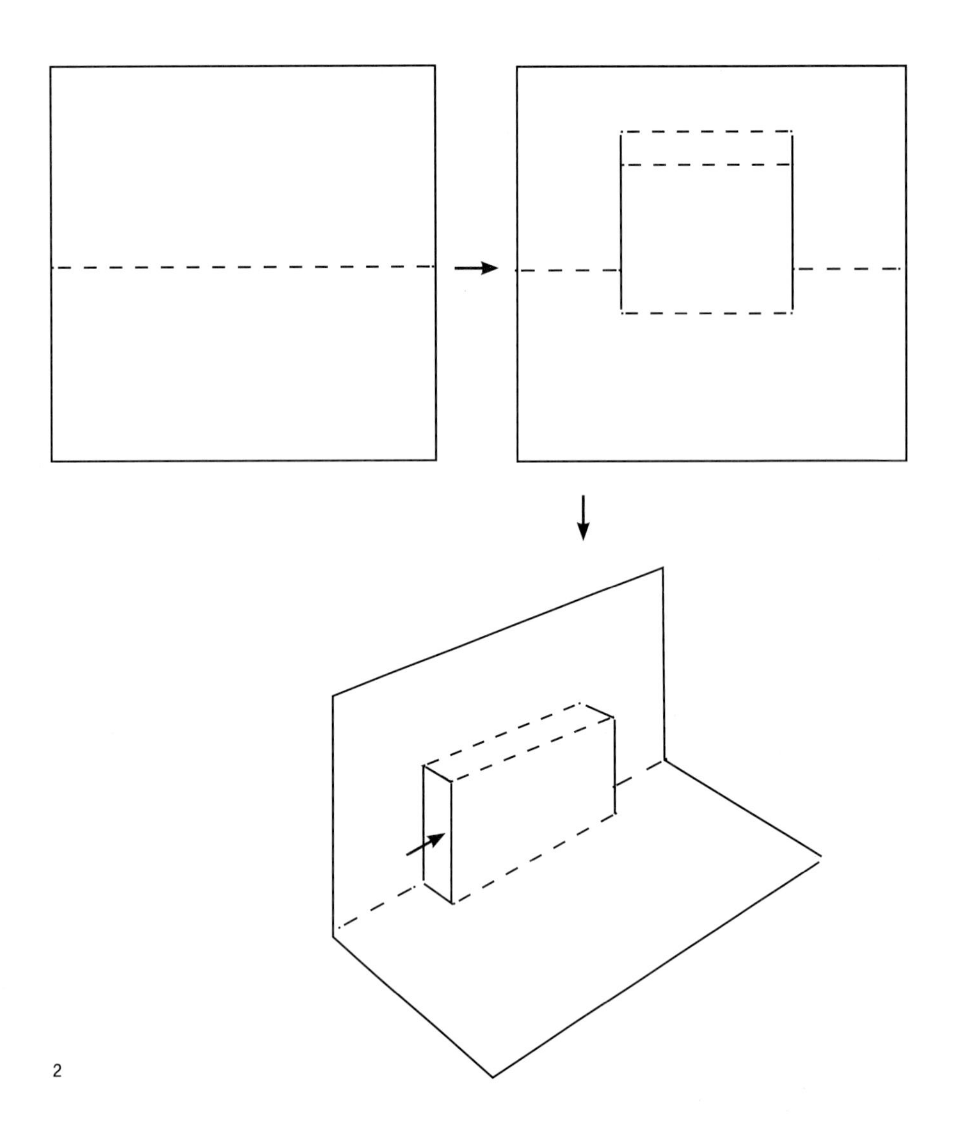

예시 2 | 중심 부분에서 위쪽으로 절개선을 치우치게 하고 중심에서 떨어진 만큼 윗부분을 접으면 세로로 긴 직사각형 형태로 돌출되게 할 수 있다.

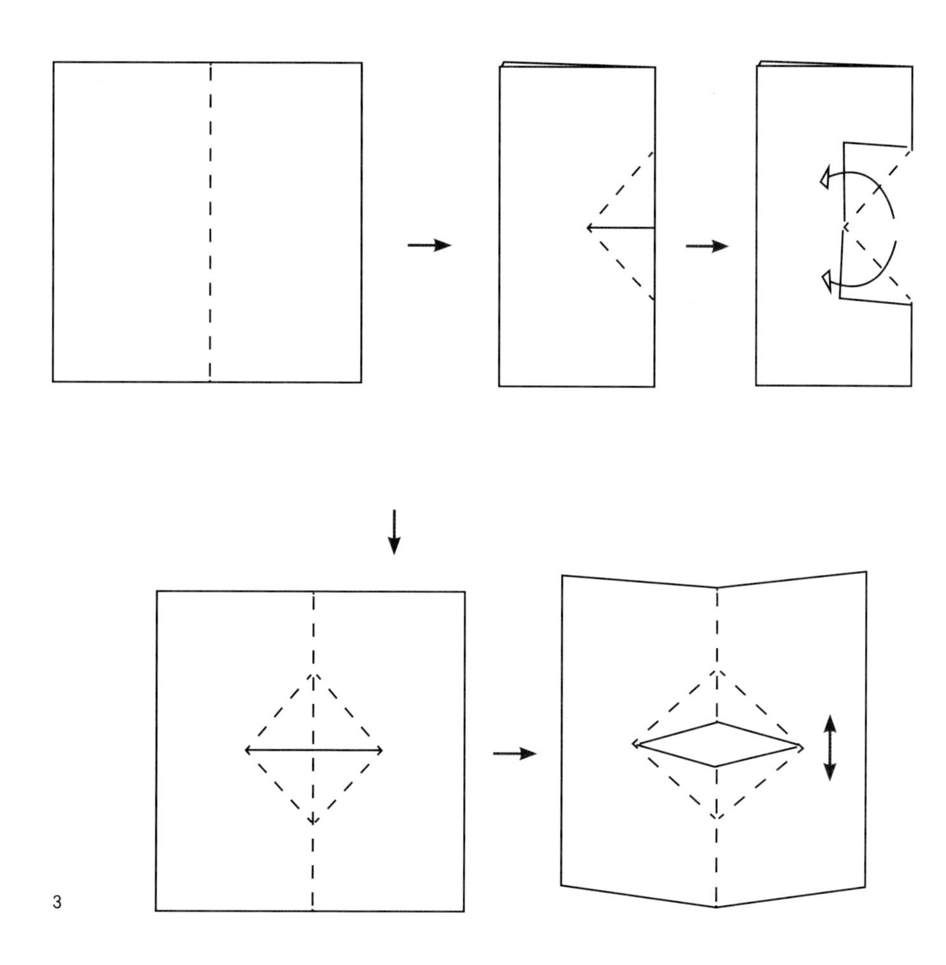

예시 3 | 가운데에 절개선을 넣고 양옆으로 접어 준 뒤 다시 펴서 벌리면 다이아몬드 형으로 벌어지는 형태를 만들 수 있다.

자르기와 접기를 활용한 조형연습_ 팝업카드 만들기

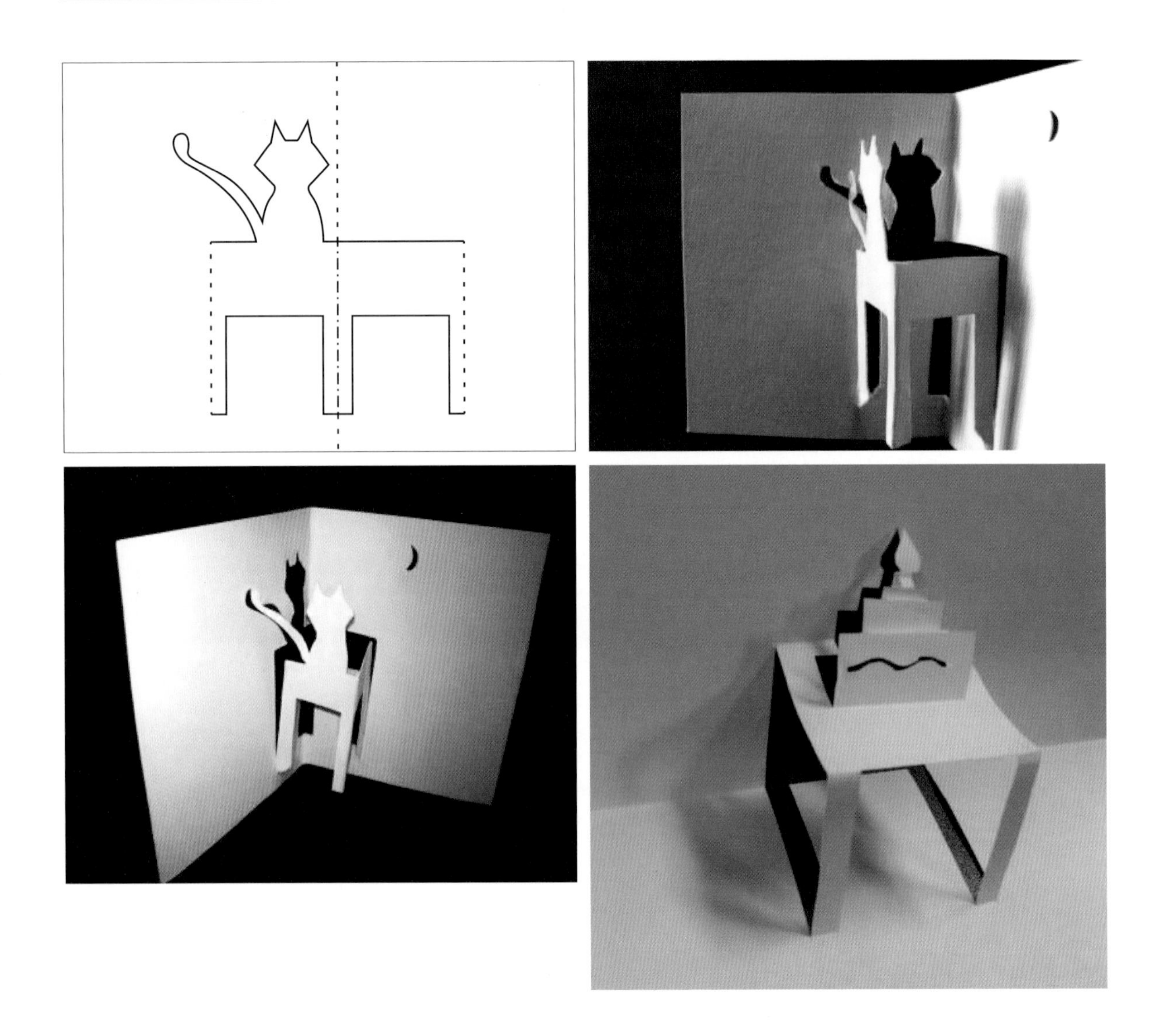

학생 작품 사례 1 | 성동훈(좌), 김보람(우측 아래)

왼쪽 작품은 의자에 앉아 있는 고양이 형태를 팝업 카드 형식으로 제작했다. 기본적으로 예시 1의 원리를 응용한 것으로 볼 수 있으며, 고양이의 형태가 접히지 않도록 한쪽 면에서 잘라내어 실루엣이 잘 보이도록 했다. 의자의 양쪽을 도면과 같이 접어서 표현하면 의자의 형태가 더욱 안정적으로 카드에 고정될 수 있다.

오른쪽 작품은 테이블 위에 놓인 케이크를 만들었다. 가장 기본적인 원리를 활용하면서도 효과적으로 제작했다.

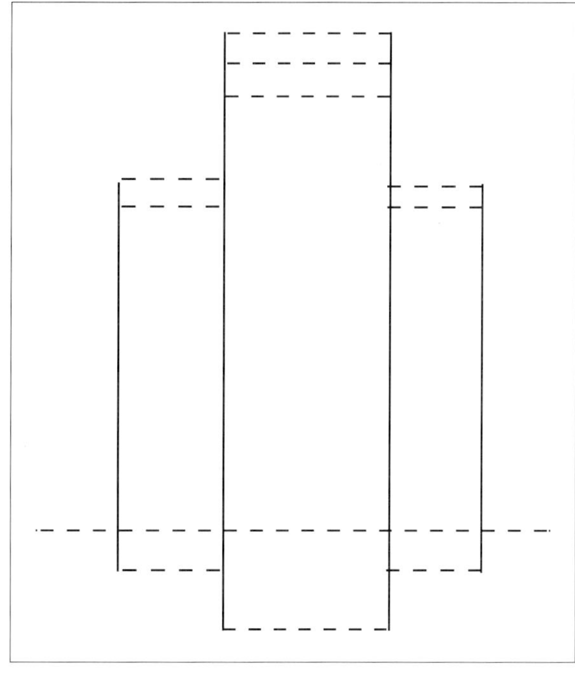

학생 작품 사례 2 | 임윤지

건물 모양의 팝업 카드를 제작했다. 기본적으로는 그림 예시 2의 원리를 응용한 것으로 볼 수 있다. 오른쪽 하단의 도면을 기본으로 절개선 및 접는 선을 넣고 장식적인 부분을 첨가하여 제작한 것이다.

정밀하게 절개선 및 접는 선의 계획을 세워 마을의 형태를 만들었다. 위와 같이 3~4단계의 깊이를 가지는 팝업북을 만들기 위해서는 접히는 부분에 대한 치밀한 사전 계획이 필요하다.

학생 작품 사례 3 | 김지우

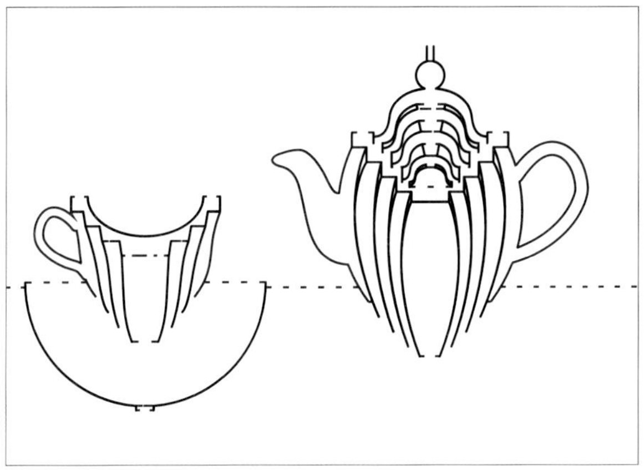

학생 작품 사례 4 | 안다빈

티포트와 커피잔의 곡선적인 형태를 입체적으로 잘 나타냈다. 먼저 큰 형태의 아웃라인을 잡고 그 안에서 면 분할과 접힐 부분의 계획을 세워야 한다.

꽃과 나비 형태의 아웃라인을 오려내면서 위아래를 완전히 잘라내지 않고 남겨 두어 카드를 열었을 때 형태가 도드라지도록 했다. 입체적인 형태를 만들어내지는 않았지만 내부의 섬세한 커팅을 통해 장식적 효과를 주고 있다.

학생 작품 사례 5 | 황성연

토론·발표
과제

실·습·예·제 1

출판되어 있는 도서 중 팝업북의 원리를 활용한 도서를 리서치해 각각의 도서에 적용된 팝업의 원리를 분석하고, 이를 응용해 스토리북을 제작해 보자.

어린이들의 동화책 중에는 팝업북의 원리를 활용한 것이 많다. 대표적인 팝업북 아티스트인 Robert Sabuda 외에 다양한 팝업북을 표본 삼아 스토리북을 제작함으로써 표현 기법을 확장하도록 한다.

실·습·예·제 2

팝업북의 원리를 적용하여 다양한 아이디어 제품을 제안해 보자.

팝업북의 기본적인 원리는 접기를 통해 형태를 평면화하는 것이다. 우리 일상생활에 사용하는 제품 중에 이와 같은 원리의 적용이 필요한 제품들을 생각해 보고, 이를 제안하는 과정을 통해 수업 시간에 익힌 조형적 원리를 실생활에 필요한 제품에 확장하여 적용해 보도록 하자.

chapter 10

쌓기

어떤 형태를 반복적으로 쌓아 올리는 것은 하나의 단위의 반복하여 집적시키는 행위이며, 이러한 과정을 통해 인간은 무한하게 새로운 형태의 개체를 창조할 수 있다. 아래의 사진에서 볼 수 있는 바와 같이 인간은 고대부터 인간은 쌓는 행위를 응용한 건축행위를 해왔다.

사진 | 마추픽추의 유적, 고대로부터 인간은 돌을 쌓아올려 집을 만들고, 마을을 만들었다.

그만큼 무언가를 쌓아올리는 행위는 우리에게 친숙한 조형 행위이며, 기의 원리를 이용한 건축물은 무궁무진하며, 쌓아올리는 단위 형태가 작으면 작을수록 정교한 형태를 만들어내는 것이 가능해진다.

쌓기의 원리를 활용한 조형 연습 1_ 단위의 형태를 쌓아 올려 새로운 형태 만들기

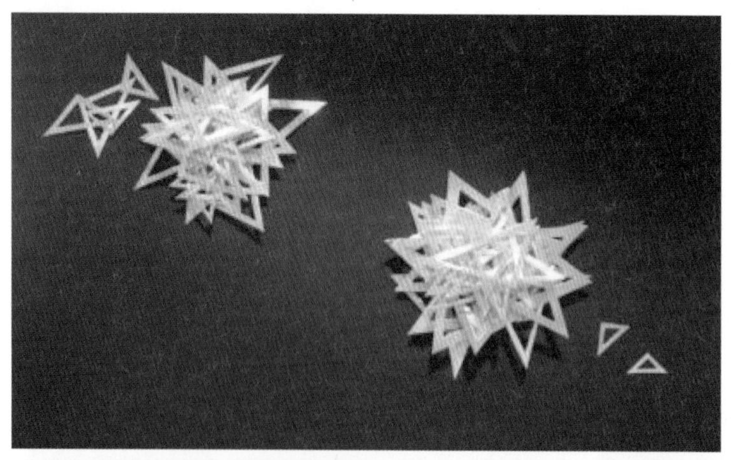

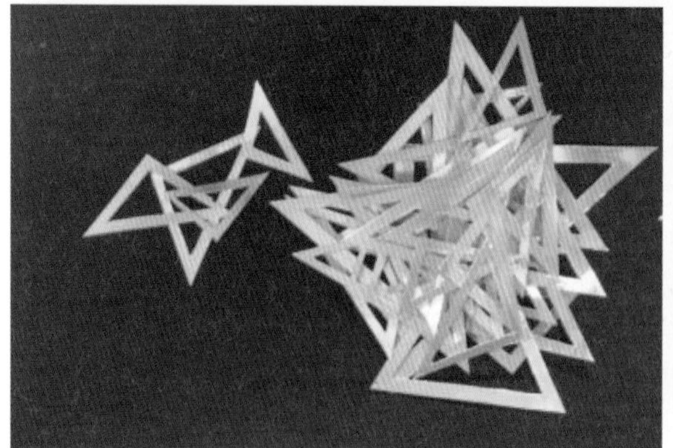

광택이 있는 종이를 다양한 크기의 삼각형으로 잘라내고 이를 쌓아올려 새로운 형태를 만들어 냈다. 두께가 있는 종이를 사용한다면 좀 더 입체적인 형태를 만들 수 있을 것이다.

학생 작품 사례 1 | 김혜정

학생 작품 사례 2 | 구민경

다양한 크기의 사각형의 단위를 제작하고 이를 쌓아 새로운 형태를 만들었다. 하나의 단위가 쌓여 만들어진 형태가 다시 하나의 단위를 이루도록 여러 개를 만들어 공중에 매달았다.

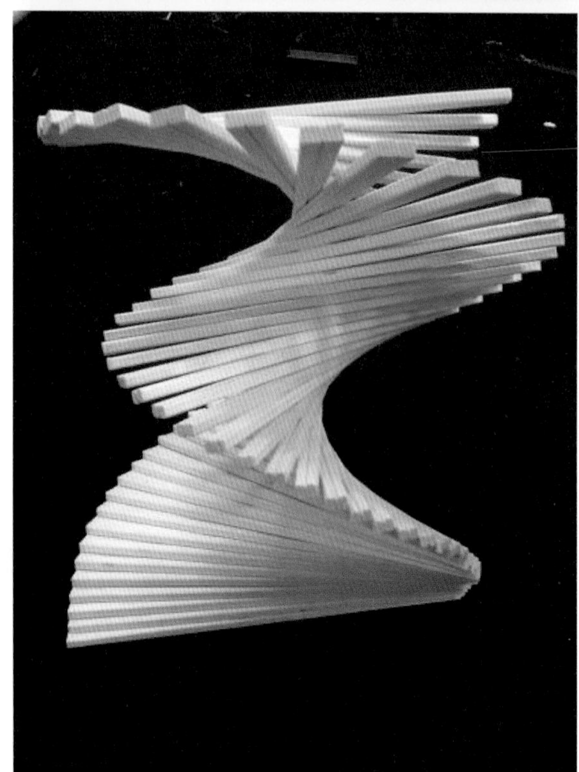

나무젓가락을 나선형으로 쌓아 올려 다이나믹한 구조물을 만들었다. 나무젓가락의 길이에 다소의 변화를 준다면 좀 더 리듬감 있는 형태를 연출할 수 있을 것이다.

학생 작품 사례 3 | 정지연

쌓기의 원리를 활용한 조형연습 2_ 쌓기를 활용해 주변 사물 만들기

일정한 형태의 단위를 반복해 새로운 형태를 만들어 냈던 앞선 과제와는 달리, 이번에는 구체적인 큰 형태를 먼저 구상하고, 이를 분할한 적층의 원리를 활용하여 주변 사물을 표현해 보자.

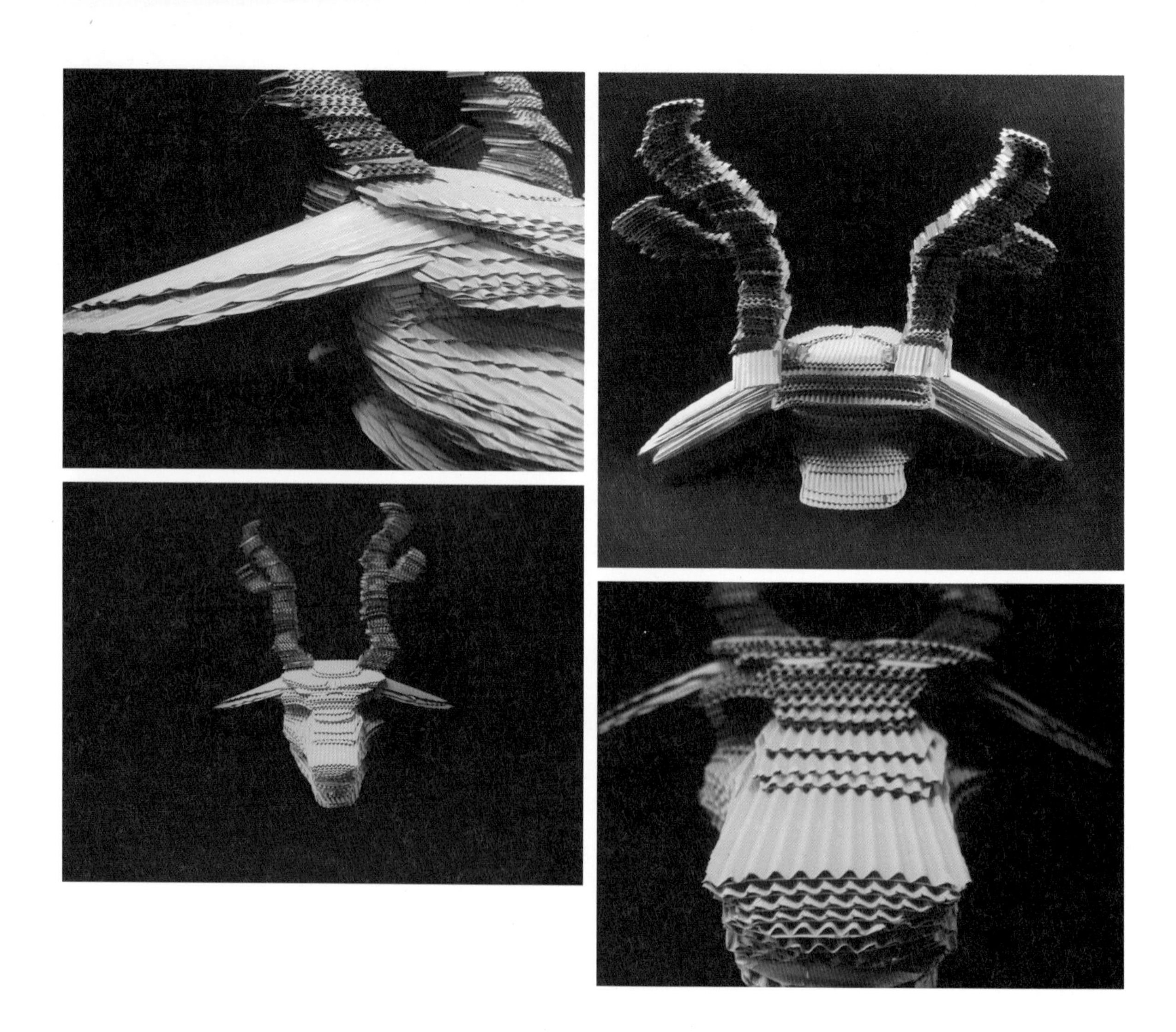

푸른색 골판지를 활용해 사슴 머리를 제작했다. 단면의 형태에 대한 계획을 잘 세워 크게 많지 않은 개수의 골판지를 쌓아 올렸는데도 사슴의 얼굴 형태가 잘 재현되고 있다. 겹겹이 쌓아 올린 뿔의 형태와 질감이 인상적이다.

학생 작품 사례 1 | 성동훈

학생 작품 사례 2 | 남지문

부속품의 형태를 만들어 층층이 쌓아 시계를 제작했다. 각각의 층마다 다르게 생긴 형태의 부속품을 계획해 만들고 쌓아 올려 사이사이로 부속의 형태가 잘 보이도록 했다. 흰색과 검은색을 번갈아 쌓아 올려 흑백 대비를 통해 더욱 형태가 잘 보이도록 했다.

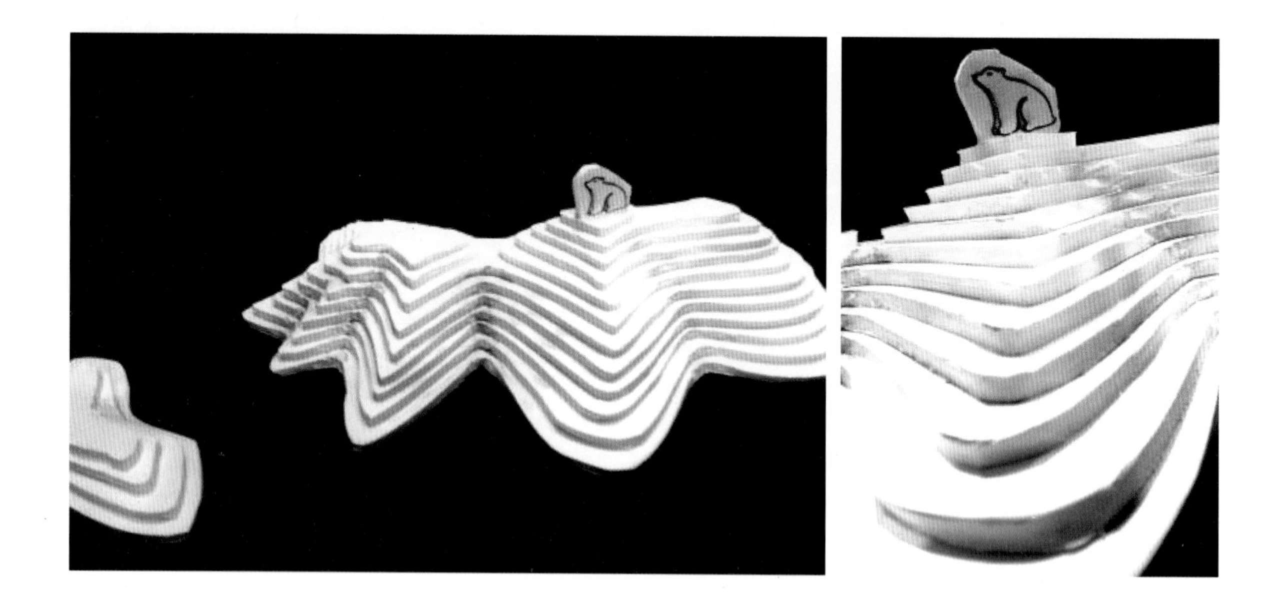

흰색 우드락을 잘라 쌓아올려 빙하의 형태를 제작했다. 위쪽 북극곰의 형태도 쌓는 방법으로 제작해 보면 더욱 재미있는 표현이 가능할 것이다.

학생 작품 사례 3 | 정호영

토론·발표 과제

실·습·예·제 1

주변 사물 중에서 쌓기의 원리가 적용되어 제작된 제품이나 사물을 찾아보자. 발견한 제품 사진을 가져와 모듈을 만들어 형태를 재현해 보고, 이를 분해하여 새로운 형태를 만들어 보자.

사물의 형태에 대한 관심을 가지도록 유도하고, 이를 재현해봄으로써 제작원리를 파악할 수 있는 능력을 키운다. 다시 분해해 새로운 형태를 제작하는 과정을 통해서는 형태에 대한 확장적 학습을 하도록 한다.

실·습·예·제 2

회화 작품을 하나씩 선택하고, 이 회화 작품을 5개의 레이어로 나누어 표현해 보자.

회화 작품은 다양한 공간적 요소로 구성, 표현되어 있다. 회화 작품의 공간적 요소를 분석해 5개의 공간층으로 분리하고, 이를 다시 쌓아서 표현하는 과정에서 평면에 표현된 공간을 입체적으로 이해해 보는 계기를 갖는다. 사실적인 회화보다는 추상적 회화를 중심으로 선별하도록 유도하고, 사실적 묘사를 하는 데 시간을 쏟기보다는 공간, 형태 간의 조형적 특성을 이해하고 표현하는 것에 집중하도록 한다.

REFERENCE

참고문헌

기초디자인, 한국디자인학회 도서출판위원회 편, 안그라픽스, 2005.

디자인 발상, 김인혜 지음, 미진사, 2003.

디자인의 개념과 원리, 찰스 왈쉬레거 / 신디아 부식-스나이더 공저, 원유홍 옮김, 2006.

인간의 시각 조형의 발견, B. 클라인트 지음, 오근재 옮김. 미진사, 2001.

조형연습, Franz Zeier 저, 권영걸 / 김현중 역, 대우출판사, 2001.

조형의 원리, 데이비드 A. 라우어느 / 스티븐 펜탁 지음, 이대일 옮김, 도서출판 예경, 2002.

INDEX

찾아보기

저자소개

강혜승

단국대학교 공연디자인대학 패션산업디자인과 교수

주요저서_ Fashion & Digital Textile Printing

Photoshop을 이용한 패션 & 텍스타일 디자인 CAD

Photoshop을 이용한 디지털 텍스타일 & 패션 디자인

Pattern Source Book

가방디자인의 창의적 스케치

소소한 것들에 담긴 색 이야기

박혜신

서경대학교 예술대학 디자인학부 생활문화디자인 전공 교수

주요저서_ Photoshop을 이용한 패션 & 텍스타일 디자인 CAD

패션 스타일링

Photoshop을 이용한 디지털 텍스타일 & 패션 디자인

함께 만들어 보는 아트패브릭

봉제기초 및 소품 만들기

김지인

서경대학교 예술대학 디자인학부 생활문화디자인 전공 대우교수

주요저서_ Pattern Source Book

소소한 것들에 담긴 색 이야기

스마트 토이 DIY

FORMATIVE
조형디자인 **ARTS**
DESIGN

2014년 9월 24일 초판 인쇄 | 2014년 9월 30일 초판 발행

지은이 강혜승·박혜신·김지인 | **펴낸이** 류제동 | **펴낸곳** (주)교 문 사

전무이사 양계성 | **편집부장** 모은영 | **본문·표지 디자인** 다오멀티플라이 | **제작** 김선형 | **영업** 정용섭·이진석·송기윤
출력 현대미디어 | **인쇄** 삼신인쇄 | **제본** 한진제본

우편번호 413-756 | **주소** 경기도 파주시 교하읍 문발리 출판문화정보산업단지 536-2 | **전화** 031-955-6111(代) | **팩스** 031-955-0955
등록 1960. 10. 28. 제406-2006-000035호 | **홈페이지** www.kyomunsa.co.kr | **E-mail** webmaster@kyomunsa.co.kr

ISBN 978-89-363-1427-9(93590) | **값** 20,000원

* 저자와의 협의하에 인지를 생략합니다. * 잘못된 책은 바꿔 드립니다.